Farming

GAOZHI GAOZHUAN
XUMU SHOUYI LEI ZHUANYE
XILIE JIAOCAI

高职高专
畜牧兽医类专业
系列教材

动 物 生 理 （第2版）

DONGWU SHENGLI

主　编　陈功义　朱金凤

副主编　王红梅　刘长春　邓双艺　裴淑丽

重庆大学出版社

内容提要

本书是畜牧兽医类专业的一部重要专业基础课教材。编写中始终遵循职业教育"以能力为本位，以岗位为目标"的原则，淡化学科体系，强调实践技能培训。

全书除绪论外，共分13章，即机体生命特征、血液生理、循环生理、呼吸生理、消化生理、泌尿生理、能量代谢与体温调节、肌肉生理、神经生理、内分泌生理、生殖生理、泌乳生理、家禽生理，书后附实验实训内容。本书在介绍机体生命特征的基础上，着重介绍了血液、循环、消化、生殖、泌乳、神经生理等内容，同时把实验实训、技能训练作为教学内容的重要组成部分。通过本书的学习，学生将掌握各种动物生理的基本知识和基本技能，为继续学习畜牧兽医专业课打下坚实的基础。

本书可作为高职高专畜牧兽医及相关专业的教材，也可作为基层畜牧兽医工作人员的自学教材和参考书。

图书在版编目（CIP）数据

动物生理／陈功义，朱金凤主编.—2版.—重庆：重庆
大学出版社，2016.5（2023.9重印）
高职高专畜牧兽医类专业系列教材
ISBN 978-7-5624-8038-9

Ⅰ.①动… Ⅱ.①陈… ②朱… Ⅲ.①动物学—生理学
—高等职业教育—教材 Ⅳ.①Q4

中国版本图书馆 CIP 数据核字（2014）第 042779 号

高职高专畜牧兽医类专业系列教材
动物生理
（第2版）
陈功义 朱金凤 主编
王红梅 刘长春 邓双艺 裴淑丽 副主编
策划编辑：梁 涛

责任编辑：文 鹏 版式设计：梁 涛
责任校对：谢 芳 责任印制：赵 晟

*

重庆大学出版社出版发行
出版人：陈晓阳
社址：重庆市沙坪坝区大学城西路 21 号
邮编：401331
电话：（023）88617190 88617185（中小学）
传真：（023）88617186 88617166
网址：http://www.cqup.com.cn
邮箱：fxk@cqup.com.cn（营销中心）
全国新华书店经销
重庆升光电力印务有限公司印刷

*

开本：787mm×1092mm 1/16 印张：12.75 字数：279 千
2007 年 8 月第 1 版 2016 年 5 月第 2 版 2023 年 9 月第 13 次印刷
印数：18 001—20 000
ISBN 978-7-5624-8038-9 定价：35.00 元

GAOZHI GAOZHUAN
XUMU SHOUYI LEI ZHUANYE XILIE JIAOCAI
高职高专畜牧兽医类专业系列教材

Preface
序一

　　高等职业教育是我国近年高等教育发展的重点。随着我国经济建设的快速发展,对技能型人才的需求日益增大。社会主义新农村建设为农村高等职业教育开辟了新的发展阶段。培养新型的高质量的应用型技能人才也是高等教育的重要任务。

　　畜牧兽医不仅在农村经济发展中具有重要地位,而且畜禽疾病与人类安全也有密切关系。因此,对新型畜牧兽医人才的培养已迫在眉睫。高等职业教育的目标是培养应用型技能人才。本套教材是根据这一特定目标,坚持理论与实践结合,突出实用性的原则,组织了一批有实践经验的中青年学者编写。我相信,这套教材对推动畜牧兽医高等职业教育的发展,推动我国现代化养殖业的发展将起到很好的作用,特为之序。

中国工程院院士

2007 年 1 月于重庆

GAOZHI GAOZHUAN
XUMU SHOUYI LEI ZHUANYE XILIE JIAOCAI
高职高专畜牧兽医类专业系列教材

Preface
第2版编者序

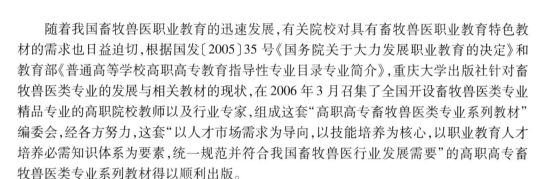

随着我国畜牧兽医职业教育的迅速发展，有关院校对具有畜牧兽医职业教育特色教材的需求也日益迫切，根据国发〔2005〕35号《国务院关于大力发展职业教育的决定》和教育部《普通高等学校高职高专教育指导性专业目录专业简介》，重庆大学出版社针对畜牧兽医类专业的发展与相关教材的现状，在2006年3月召集了全国开设畜牧兽医类专业精品专业的高职院校教师以及行业专家，组成这套"高职高专畜牧兽医类专业系列教材"编委会，经各方努力，这套"以人才市场需求为导向，以技能培养为核心，以职业教育人才培养必需知识体系为要素，统一规范并符合我国畜牧兽医行业发展需要"的高职高专畜牧兽医类专业系列教材得以顺利出版。

几年的使用已充分证实了它的必要性和社会效益。2010年4月重庆大学出版社再次组织教材编委会，增加了参编单位及人员，使教材编委会的组成更加全面和具有新气息，参编院校的教师以及行业专家针对这套"高职高专畜牧兽医类专业系列教材"在使用中存在的问题以及近几年我国畜牧兽医业快速发展的需要进行了充分的研讨，并对教材编写的架构设计进行统一，明确了统稿、总纂及审阅。通过这次研讨与交流，教材编写的教师将这几年的一些好的经验以及最新的技术融入到了这套再版教材中。可以说，本套教材内容新颖，思路创新，实用性强，是目前国内畜牧兽医领域不可多得的实用性实训教材。本套教材既可作为高职高专院校畜牧兽医类专业的综合实训教材，也可作为相关企事业单位人员的实务操作培训教材和参考书、工具书。本套再版教材的主要特点有：

第一，结构清晰，内容充实。本教材在内容体系上较以往同类教材有所调整，在学习内容的设置、选择上力求内容丰富、技术新颖。同时，能够充分激发学生的学习兴趣，加深他们的理解力，强调对学生动手能力的培养。

第二，案例选择与实训引导并用。本书尽可能地采用最新的案例，同时针对目前我国畜牧兽医业存在的实际问题，使学生对畜牧兽医业生产中的实际问题有明确和深刻的理解和认识。

第三，实训内容规范，注重其实践操作性。本套教材主要在模板和样例的选择中，注意集系统性、工具性于一体，具有"拿来即用""改了能用""易于套用"等特点，大大提高了实训的可操作性，使读者耳目一新，同时也能给业界人士一些启迪。

值这套教材的再版之际，感谢本套教材全体编写老师的辛勤劳作，同时，也感谢重庆大学出版社的专家、编辑及工作人员为本书的顺利出版所付出的努力！

高职高专畜牧兽医类专业系列教材编委会
2010年10月

Preface
第1版编者序

　　我国作为一个农业大国,农业、农村和农民问题是关系到改革开放和现代化建设全局的重大问题,因此,党中央提出了建设社会主义新农村的世纪目标。如何增加经济收入,对于农村稳定乃至全国稳定至关重要,而发展畜牧业是最佳的途径之一。目前,我国畜牧业发展迅速,畜牧业产值占农业总产值的32%,从事畜牧业生产的劳动力就达1亿多人,已逐步发展成为最具活力的国家支柱产业之一。然而,在我国广大地区,从事畜牧业生产的专业技术人员严重缺乏,这与我国畜牧兽医职业技术教育的滞后有关。

　　随着职业教育的发展,特别是在周济部长于2004年四川泸州发表"倡导发展职业教育"的讲话以后,各院校畜牧兽医专业的招生规模不断扩大,截至2006年底,已有100多所院校开设了该专业,年招生规模近两万人。然而,在兼顾各地院校办学特色的基础上,明显地反映出了职业技术教育在规范课程设置和专业教材建设中一系列亟待解决的问题。

　　虽然自2000年以来,国内几家出版社已经相继出版了一些畜牧兽医专业的单本或系列教材,但由于教学大纲不统一,编者视角各异,许多高职院校在畜牧兽医类教材选用中颇感困惑,有些职业院校的老师仍然找不到适合的教材,有的只能选用本科教材,由于理论深奥,艰涩难懂,导致教学效果不甚令人满意,这严重制约了畜牧兽医类高职高专的专业教学发展。

　　2004年底教育部出台了《普通高等学校高职高专教育指导性专业目录专业简介》,其中明确提出了高职高专层次的教材宜坚持"理论够用为度,突出实用性"的原则,鼓励各大出版社多出有特色的、专业性的、实用性较强的教材,以繁荣高职高专层次的教材市场,促进我国职业教育的发展。

　　2004年以来,重庆大学出版社的编辑同志们,针对畜牧兽医类专业的发展与相关教材市场的现状,咨询专家,进行了多次调研论证,于2006年3月召集了全国以开设畜牧兽医专业为精品专业的高职院校,邀请众多长期在教学第一线的资深教师和行业专家组成编委会,召开了"高职高专畜牧兽医类专业系列教材"建设研讨会,多方讨论,群策群力,推出了本套高职高专畜牧兽医类专业系列教材。

　　本系列教材的指导思想是适应我国市场经济、农村经济及产业结构的变化、现代化养殖业的出现以及畜禽饲养方式等引起疾病发生的改变的实践需要,为培养适应我国现代化养殖业发展的新型畜牧兽医专业技术人才。

本系列教材的编写原则是力求新颖、简练,结合相关科研成果和生产实践,注重对学生的启发性教育和培养解决问题的能力,使之能具备相应的理论基础和较强的实践动手能力。在本系列教材的编写过程中,我们特别强调了以下几个方面:

第一,考虑高职高专培养应用型人才的目标,坚持以"理论够用为度,突出实用性"的原则。

第二,遵循市场的认知规律,在广泛征询和了解学生和生产单位的共同需要,吸收众多学者和院校意见的基础之上,组织专家对教学大纲进行了充分的研讨,使系列教材具有较强的系统性和针对性。

第三,考虑高等职业教学计划和课时安排,结合各地高等院校该专业的开设情况和差异性,将基本理论讲解与实例分析相结合,突出实用性,并在每章中安排了导读、学习要点、复习思考题、实训和案例等,编写的难度适宜、结构合理、实用性强。

第四,按主编负责制进行编写、审核,再经过专家审稿、修改,经过一系列较为严格的过程,保证了整套书的严谨和规范。

本套系列教材的出版希望能给开办畜牧兽医类专业的广大高职院校提供尽可能适宜的教学用书,但需要不断地进行修改和逐步完善,使其为我国社会主义建设培养更多更好的有用人才服务。

高职高专畜牧兽医类专业系列教材编委会
2006 年 12 月

高职高专教育是我国高等教育的重要组成部分。根据教育部《关于加强高职高专教育教材建设的若干意见》的有关精神,结合当前我国畜牧兽医类专业人才培养模式和教学体系改革的实际情况,我们编写了本书。

随着我国市场经济的深入发展和人们生活水平的逐步提高,畜牧业也呈现出快速发展的态势。到2012年,我国畜牧业产值约占农业总产值的34%。为了适应畜牧业快速发展的需要,农业高职高专院校先后开设了畜牧、兽医、动物防疫检验、饲料与动物营养、兽药生产、兽医卫生检验、养禽与禽病防治、中兽医、宠物养护与疫病防治等专业。《动物生理》是上述所有涉牧专业重要的专业基础课之一。只有正确认识和掌握了正常动物各器官系统的生理功能,熟悉生命活动现象及发生发展规律,才能为进一步学习后续专业课程打下坚实的基础,更好地为畜牧业生产服务。

本书以第一版为基本框架进行修订,是第一版的继承与发展。在畜牧业快速发展的新形势下,为更好地体现教材的先进性、科学性和实践性,本教材在内容上进行了调整,删繁就简,在保证教材先进性和科学性的基础上,力求突出教材的实践性。本书内容适度、重点突出,文字简洁,图文并茂,通俗易懂,深入浅出,避免动物生理与其他课程内容重复和脱节等现象。

本书由河南农业职业学院陈功义、朱金凤任主编,王红梅、刘长春、邓双艺、裴淑丽任副主编。具体编写分工如下:河南农业职业学院朱金凤编写绪论及第1章;廊坊职业技术学院王红梅编写第2章;河南农业职业学院裴淑丽编写第3,4章;河南农业职业学院刘长春编写第5,13章;海南职业技术学院李军编写第6章;达州职业技术学院李平编写第7章;廊坊职业技术学院高雅丽编写第8章;河南农业职业学院陈功义编写第9,10,11,12章;新疆农业职业技术学院邓双艺负责图片处理;河南农业职业学院王海燕编写实验实训。

本书承蒙河南农业大学刘忠虎教授主审。同时在编写过程中得到了有关高等院校专家的热情帮助和大力支持,谨此一并致以谢意。

由于编者水平有限,书中难免有疏漏和不足之处,恳请各院校师生批评指正,以便今后修改完善。

编　者
2015年10月

Preface
第1版前言

根据《国务院关于大力发展职业教育的决定》的总体要求,以就业为导向改革与发展职业教育逐步成为全社会共识,发展中国特色的职业教育势在必行,高职高专教育将成为我国高等教育的重要组成部分。根据教育部出台的《关于加强高职高专教育教材建设的若干意见》的精神,加强高职高专教材建设是发展职业教育的重要环节。近年来,随着教育体制改革的进一步深入,我国高职高专教育得到了快速发展,为各行业培养了大量的专业技术人才。为了适应高职高专教育迅猛发展的需要,我们编写了本书。

本书的定位是以必需、够用为度,以讲清概念、强化技能应用为目标。本书充分体现高职高专教育的特点,适应职业岗位群的需求,以能力为主线,兼顾知识的完整性和科学性,既严格遵循教育规律,考虑相关知识技能的科学体系,又结合目前高职高专学生的知识层次,对教材进行准确定位,力戒过多、过深的理论阐述,注重应用方法和技能的传授,充分体现实践性和应用性。同时,在编写过程中尽量反映本学科最新技术发展应用状况。

本书结构紧凑、图文并茂、浅显精练、通俗易懂,职业特色明显。编写内容重点突出,删繁就简,每章前附有导读,章末有复习思考题,教材后附实验实训内容,便于学生学习和巩固。本书可以作为农业院校高职高专畜牧、兽医、畜牧兽医及其他相近专业的教材,也可作为广大畜牧兽医工作者的重要参考书。

本书由河南农业职业学院陈功义、朱金凤任主编,王红梅、王学兵、邓双艺任副主编。具体编写分工如下:达州职业技术学院李平编写第1章;河南农业职业学院朱金凤编写第2,3,4章;海南职业技术学院李军、河南农业职业学院刘长春编写第5,6章;廊坊职业技术学院高雅丽编写第7,8,12章;廊坊职业技术学院王红梅编写第10章;商丘职业技术学院肖尚修编写绪论;河南农业职业学院陈功义编写第9,11,13章;新疆农业职业技术学院邓双艺负责课件制作及图片处理;河南农业大学王学兵编写实验实训。

本书参考和引用了国内外许多作者的观点和有关资料,在此谨向有关作者表示深切的谢意。在编写过程中得到了有关高等院校专家的热情帮助和大力支持,谨此致以谢意。

由于编者水平有限,经验不足,书中难免有疏漏和不足之处,恳请广大读者和同行专家予以批评指正。

编　者

2007 年 6 月

Directory
目录

GAOZHI GAOZHUAN
XUMU SHOUYI LEI ZHUANYE XILIE JIAOCAI
高职高专畜牧兽医类专业系列教材

绪　论

动物生理是研究健康动物基本生命活动及其规律的科学。动物的生命活动一方面表现在与其生存环境的联系上,如食物的摄取、消化和吸收,气体的吸入和呼出,信息的交换以及代谢产物的排出等;另一方面则表现在各种生命活动高度的协调性和维持本身完整的统一性上,即机体各部分保持密切的联系和内部环境相对稳定的状态。而动物有机体内、外环境的协调统一,则有赖于神经和体液系统的精确调节。

0.1　动物生理的研究内容

动物生理学是生理学的一个分支,它除了包含生理学的共同内容外,同时还须研究动物生理学的特殊性及其规律。例如,草食动物胃肠道的微生物消化、乳牛的泌乳生理特点等。随着相关学科如分子生物学、生物化学、免疫学等的迅速发展,对生命活动认识进一步深化,从而为提高动物的生产性能和保健治疗开拓了广阔的前景。

随着畜牧业对高科技需求的日益迫切,以及学科交叉的逐渐广泛和深化,动物生理学日益与畜牧生产密切联系,出现了动物营养生理学、生殖免疫学等学科。不过作为畜牧兽医的专业基础课程,本书仍以器官、系统和整体生理学为基本脉络进行内容设计。

0.2　动物生理在畜牧兽医学科中的地位

研究动物生命活动基本规律的动物生理学是畜牧、兽医科学重要的基础学科。随着动物生理研究的深入发展,必将导致新理论和新技术的建立,进而促进应用科学的进步。近年来,畜牧兽医科学中一些高新技术的应用无一不与动物生理的进步有关。例如:应用生长激素促进生长和泌乳的技术,就是以生长轴的研究为基础;胚胎工程及动物克隆,则是以生殖生理研究的进步为前提的;正在兴起的功能基因组学研究,也是以生理研究为依据。动物生理在兽医临床方面也有其丰富的内涵。近代动物临床兽医应用表明,动物生理不仅是病理生理的基础,而且在疾病的诊断,病畜的治疗及护理中都显示出极为重要的意义。因此,动物生理在深入基本规律研究的同时,必须十分注意与畜牧生产及兽医临床实践等相结合。

0.3　动物生理的研究方法

动物生理的基本实验方法是动物实验方法,归纳起来可分为急性实验和慢性实验两类。

0.3.1　急性实验

急性实验又可分为在体和离体两类。急性在体实验将动物处于麻醉或破坏大脑状态,解剖暴露某种器官后,给予适当刺激,进行观察记录和分析,称为活体解剖法。急性离体实验就是从动物体内取出某种器官或组织、细胞,在模拟机体生理条件下进行实验,例如心脏、肾、乳房等器官灌流实验;通过体外培养组织或细胞,对代谢及神经、激素作用进行研究等。急性实验方法的优点是操作比较简单,实验条件较易掌握,对器官系统可进行较细致的实验研究,但不一定能完全反映器官在体内的正常活动情况。

0.3.2　慢性实验

慢性实验是动物预先经外科手术,以暴露、摘除或破坏某一器官或组织,或在其中安置瘘管(如消化管和血管)或埋植电极(如神经组织)等,待动物手术恢复后,可在比较正常的条件下进行长期的系统观察,这种方法能较好地反映器官在机体内的正常活动。

上述的急性与慢性的两种实验方法,各有其优点和不足之处。对于阐明生理活动规律,两者具有相互补充的作用。

第1章
机体生命特征

本章导读：了解细胞的兴奋性与生物电现象；熟悉机体功能调节的方式及特点；能根据动物机体内环境及稳态的要求，在饲养管理过程维持动物机体内环境的相对稳定。

1.1 细胞特性

细胞是构成动物机体的基本生命单位，机体内的各种生命活动都是在细胞的基础上进行的。因此，深入研究细胞的功能活动，将有助于揭示生命活动的本质，并借以更深刻地认识各器官、系统以及整个机体的生命活动及其规律。

1.1.1 细胞的信息传递

动物体各器官之间的相互协调以维持整体统一性，主要靠信息传递完成。信息传递分细胞间传递和细胞本身跨膜传递两类。除了甾体类激素主要是进入细胞内直接影响基因转录外，其他激素和神经递质一般是作用于细胞膜而起作用。

1)膜受体

细胞膜存在能专一性结合激素、神经递质以及其他化学活性物质并引起特定反应的特殊结构，称为受体。受体具有两项基本功能：一是有识别能力，即能识别某种化学物质并与之结合；二是能转发化学信息，即受体与特异的化学物质结合后，能将该物质携带的信息传递给细胞，使其功能活动发生相应的改变。

目前发现的各种受体，大多数存在于细胞膜上，称为细胞膜受体；另一部分存在于细胞内，称为细胞浆受体或细胞核受体。

2)跨膜信息传递

信息的载体或携带者称为信使。作为第一信使的激素和其他调节物质，与特定的受体结合后，通过存在于膜结构中信息传递系统诱发产生膜内（胞浆中）称为第二信使的物质，从而引起细胞内代谢发生相应的变化，达到激素对靶细胞的调节功能。也就是说第二信使是指在细胞内继续传递激素（或是调节分子）携带的调节信息的特殊化学物质。

1.1.2 细胞的兴奋性

1）兴奋性的概念

活细胞的一切生命,归根到底都是以细胞内部的新陈代谢为基础的。但是,新陈代谢是不断变化发展的过程。它的性质、速度和强度时时刻刻受到细胞内外各种因素的影响而不断发生改变。活细胞在内外环境改变的影响下,能够使它内部的新陈代谢发生改变的能力,叫细胞的兴奋性。能够引起活细胞的新陈代谢发生改变的各种因素,叫作刺激。刺激分为物理刺激(如声、光、电、温度机械等)、化学刺激(如酸、碱、药物等)和生物刺激(如细菌、病毒等)等。

兴奋性是一切活细胞共同具有的特征,也是活细胞对内外环境变化发生适应的基础。动物体内各种细胞的兴奋性的高低不一致。

2）刺激与反应

内外环境中的各种刺激并不是对所有的细胞都能引起反应(细胞接受刺激后出现的各种功能活动的变化)。所以刺激有适宜刺激和不适宜刺激两类。凡是在一定条件下能够引起某种细胞发生反应的刺激,叫做这种细胞的适宜刺激;相反,凡是在一定条件下不能引起某种细胞发生反应的刺激,叫做这种细胞的不适宜刺激。不同细胞有不同的适宜刺激,如一定波长的光是视网膜细胞的适宜刺激,一定频率的声波是内耳听细胞的适宜刺激,某些化学物质是内脏平滑肌细胞的适宜刺激等。但这些刺激对其他许多细胞却是不适宜刺激。同一种细胞不一定只有一种适宜刺激,而可以有好几种适宜刺激。例如,好几种激素常常都是同一靶细胞的适宜刺激。

适宜刺激引起细胞反应需要一定的强度,在一定的时间内,能引起细胞产生反应的最低刺激强度称为阈值。兴奋性越高,阈值就越低。低于阈值的过弱刺激称为阈下刺激,单个的阈下刺激不能引起细胞的反应。

引起细胞反应除需要一定的刺激强度外,还需要刺激达到一定时间。一般说来,细胞的兴奋性越低,需要刺激时间就越长。刺激的强度和作用时间是引起细胞发生反应的两个必要条件,两者存在密切的相互关系。刺激强度越大,引起细胞发生反应所需要的刺激时间就越短;反之,刺激强度越小,所需刺激时间就越长,两者依从关系为强度-时间曲线(见图1.1)。曲线上的任

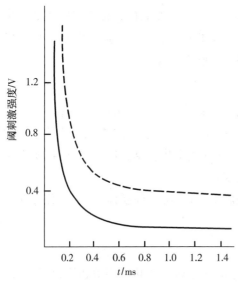

图 1.1 两条神经纤维的强度-时间曲线

(实线表示粗的神经纤维,虚线表示细的神经纤维)

何一点都代表具有一定刺激强度和时间的阈值,所以图中的双曲线表示细胞兴奋性的普遍规律。生理实验中多用电刺激,因为电刺激的强度和作用时间便于掌握,而且反复施加刺激也不易造成组织损伤。

3)兴奋性的变化

细胞的兴奋性不是固定不变的,尤其是在受到刺激时发生较大变化。以神经细胞和肌肉细胞为例,一次刺激后,兴奋性经历四个阶段的变化,然后恢复到正常水平。这4个阶段依次为:

(1)绝对不应期　是细胞完全缺乏兴奋性的时期,对任何新刺激都不发生反应,因此也称绝对乏兴奋期。

(2)相对不应期　这时细胞的兴奋性开始恢复,但还没有达到正常水平,原来的阈刺激不能引起反应,较强的刺激才能引起反应。

(3)超常期　继相对不应期之后出现,这时细胞的兴奋性略高于正常水平,原来的阈下刺激也能引起反应。

(4)低常期　这时细胞兴奋性又降低至正常水平以下,低常期后兴奋性逐渐恢复正常(见图1.2)。

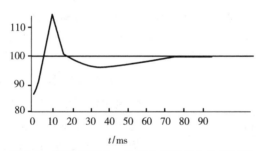

图 1.2　猫隐神经在一次兴奋后的兴奋恢复过程

(在 0 处给予刺激,引起一次兴奋。纵坐标 100 代表正常的兴奋性水平;

在 100 以上表示兴奋性超过正常;在 100 以下表示兴奋性低于正常)

1.1.3　生物电现象

生命活动过程中出现的电现象称为生物电现象,它是一切活细胞的基本特性之一,伴随细胞兴奋性变化而发生变化。细胞生物电现象是质膜两侧带电离子的不均匀分布和跨膜移动的结果,细胞生物电变化是细胞功能改变的前提。因此,细胞的跨膜电位变化在细胞和整体功能活动中是关键性的。细胞的生物电有静息时的静息电位和受刺激时的动作电位两种表现形式。

1)静息电位

细胞在安静状态,即未受到刺激时,膜内外两侧的电位差(呈膜外为正、膜内为负的极化状态)称为静息电位或膜电位。神经细胞和肌细胞的膜电位约为-65 ~ -100 mV。

2）动作电位

可兴奋组织(神经、肌肉、腺体)接受刺激而发生兴奋时,细胞膜原来的极化状态立即消失,并在膜内外两侧发生一系列电位变化,这种电位变化称作动作电位。动作电位包括3个基本过程:

(1)去极化 膜内原来存在的负电位迅速消失,即膜电位的极化状态消失。

(2)反极化 继去极化之后,进而发展为极化状态倒转,即转变为膜内为正,膜外为负。

(3)复极化 膜内电位达到顶峰后开始下降,恢复到原来静息电位水平(见图1.3)。

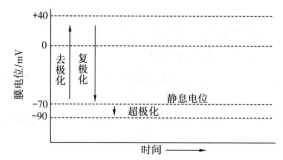

图1.3 膜电位的去极化、复极化和超极化

(当膜电位变得比静息电位更正,就称为去极化;膜电位向静息电位恢复称为复极化;膜电位变得比静息电位更负,称为超极化)

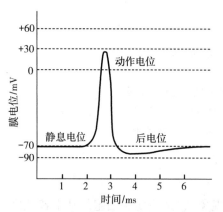

图1.4 动作电位期间膜电位的变化

应用高倍放大的示波器慢扫描记录的动作电位(见图1.4)。动作电位曲线第一部分是一个迅速发生和迅速消逝的较大负电位称为锋电位。它的上升波包括膜电位由-70 mV~0(去极化),再由0上升到30 mV(反极化);曲线的第二部分为后电位。在锋电位恢复到静息电位水平以前,膜电位经历较长的时间波动,一般先有负后电位,而后出现正后电位,最后恢复到原来水平(复极化)。锋电位表示细胞处于兴奋状态,大体上相当于绝对不应期;锋电位下降波的最后时间与相对不应期相当;负后电位则相当于超常期;正后电位则与低常期相当。

3）生物电现象产生的机理

细胞膜内外离子分布很不相同。在正离子方面,细胞内 K^+ 浓度高,约为膜外的20～40倍,而细胞外 Na^+ 浓度约高于膜内的20倍。负离子方面,细胞外 Cl^- 浓度较细胞内高,而细胞内大分子有机物(A^-)较细胞外多。因此细胞膜内外两侧存在离子分布的不平衡,即存在离子浓度差和电位差,在电化学梯度的作用下,离子就有扩散到膜另一侧的可能性。

细胞在静息状态下,膜对 Na^+ 的通透性小,而对 K^+ 有较大的通透性,于是 K^+ 浓度差推动 K^+ 从膜内向膜外扩散,正电荷随 K^+ 外流,而带负电荷的蛋白质不能外流而留在膜内,于是膜外积累正电荷,膜内积累负电荷,这种电位差随着 K^+ 的外流逐渐增大,并对 K^+ 外流产生阻碍作用。当膜内外 K^+ 浓度差(K^+ 外流动力)与电位差(K^+ 外流阻力)达到平衡时, K^+ 跨膜净转运等于零,膜内外电位动态稳定于一定水平,即形成静息电位。因此,细胞的静息电位主要是由 K^+ 外流所产生,反映 K^+ 的平衡电位。

当细胞受刺激而兴奋时,细胞膜对 Na^+ 通透性突然增大,于是在膜两侧 Na^+ 浓度差的推动下, Na^+ 向细胞内流,而这时对 K^+ 的通透性降低,致使 K^+ 外流减少,膜内正电荷积累,形成去极化和反极化过程。随后膜对 Na^+ 通透性降低,而对 K^+ 通透性又增高,于是 K^+ 外流增多,逐渐恢复到原来的静息电位水平,为复极化过程。在锋电位结束时,膜内 Na^+ 和膜外 K^+ 的浓度都比正常时有所增加,复极化(锋电位后)除靠 Na^+、K^+ 的被动扩散外,还有赖于逆浓度差的主动扩散作用,在 ATP 分解供能使钠-钾泵运转下,膜内增多的 Na^+ 被排出膜外,同时把膜外增多的 K^+ 吸进膜内,使膜内外的 Na^+、K^+ 浓度完全恢复到静息状态水平,构成后电位时相。

4)动作电位的传播

细胞某一部位兴奋产生动作电位后,动作电位并不停留在原发部位,而是沿着膜传播到整个细胞。

动作电位发生传播的原因是:膜受到刺激时,兴奋部位的膜两侧电荷分布为内正外负(反极化),而相邻静息部位则是内负外正,由于两部位存在电位差(可高达 100 mV)而产生局部电流,局部电流刺激邻近的静息部位引起兴奋,使膜去极化,引发新的动作电位。如此顺次重复,使动作电位沿整个膜传播。动作电位沿神经纤维(细胞)的传播就是神经冲动。

尽管肌肉和腺体在兴奋后有不同的外部表现,但在出现这些外部表现之前,都有一个共同的、最先出现的反应,即产生和传导动作电位;肌肉和腺体所特有的外部表现都是通过动作电位进一步触发引起的。因此从电生理的角度来看,所谓的兴奋性是指细胞在受到刺激时产生动作电位的能力;而兴奋则是指动作电位的产生过程;兴奋的传导即是动作电位的扩布。

1.2　机体功能调节

动物机体的各种器官和系统分别执行不同的功能,但它们又密切配合,相互协调,以保持整体性和内环境的稳定,并使机体与周围环境变化相适应。机体各部分功能统一的整体活动,主要是通过神经调节、体液调节和器官、组织、细胞的自身调节 3 种调节机制来实现的,其中最为重要的是起主导作用的神经调节。

1.2.1　神经调节

神经调节主要是通过神经系统活动来完成的,反射是神经调节的基本方式。例如,

动物摄食引起唾液分泌,外界温度升高引起皮肤血管舒张等,都是机体在中枢神经系统参与下,通过神经反射方式对内外环境变化应答的结果。完成神经反射所需的结构称为反射弧,它包括感受器、传入神经、神经中枢、传出神经、效应器五个环节。反射弧任一环节及其连结遭受破坏,都将使有关反射不能出现,导致功能调节障碍或异常。

神经调节的主要特点是快速、精确、短暂,具有高度的整合能力。

1.2.2 体液调节

体液调节是指内分泌腺和具有内分泌功能的组织细胞产生的特殊化学物质,通过体液途径到达远隔的或邻近的特定器官、组织或细胞,影响并改变其生理功能的调节方式。

体液调节的作用范围广,作用出现比较缓慢,持续时间较长。这种调节对机体的持续性生理活动,尤其是代谢过程起重要作用。

体液调节与神经调节有密切的关系,许多体液因素的形成和释放直接或间接的受神经系统的调节。因此,体液调节可看作神经调节的延伸,激素成为反射弧传出途径的体液环节,所以通常将其称为神经-体液调节。

1.2.3 自身调节

当内、外环境变化时,机体器官、局部组织或细胞在不依赖于外来神经或体液的调节而产生的自动适应性反应,称为自身调节。这在心血管功能调节中较为明显,如小动脉灌注时,随着血管内压力的升高,血管壁平滑肌受到机械刺激后自动发生收缩,使口径变小,因而血流变化不大。即使神经或体液调节因素消失后,此种反应依然存在。

自身调节较简单,幅度小,范围也比较局限,是一种比较原始的调节方式,但对于调整某一功能或保持某一功能的相对稳定仍具有积极意义。

1.3 机体功能与环境

任何动物有机体,都生活在一定的环境中。机体的一切生命活动,如生存、进化、个体发育、生殖以及死亡无一不与生活环境相联系,并且环境是自然选择的重要因子。

1.3.1 生命活动的基本特征

自然界中,动物种类繁多,生理功能也不尽相同,但其生命活动具有共同特征。

1)新陈代谢

新陈代谢是指动物有机体在生命活动中与外界环境之间进行物质和能量的交换,以及生命体内的物质和能量转变过程。生命体从外界吸取营养物质,经过消化和吸收,将其转变成自身的物质,并储存能量,这一过程称为同化作用;同时生命体不断分解自身的物质和释放能量,并将分解终产物排出体外,这一过程称为异化作用。同化作用与异化作用是新陈代谢的两个方面,既对立又统一。新陈代谢是生命现象的最基本特征,也是机体与外界最基本的联系。新陈代谢紊乱就会出现疾病,新陈代谢一旦停止,生命就随之结束。

2) 兴奋性

动物有机体在内、外环境发生变化时,新陈代谢都将发生相应的改变,机体的这种特性称为兴奋性或应激性。能够引起机体新陈代谢发生改变的各种因素称为刺激。组织、器官接受刺激后如果由相对静止或活动较弱的状态转变为活动增强的状态,这个过程叫兴奋;相反由活动状态转变为静止或活动减弱的状态,这一过程,称为抑制。如肾上腺素作用于心脏,可使心跳加快;乙酰胆碱作用于心脏,则使心跳减慢。前者的反应是兴奋,后者的反应则是抑制。兴奋与抑制是动物有机体生命活动的一对矛盾,它们相互联系,相互制约,以保证机体功能的正常进行。

3) 适应性

动物有机体生存在一定的外界环境中,在一定的范围内能随着环境的变化,不断地调整自身的生理功能,使其与环境保持相对平衡。动物机体随着外界环境的变化调整自身生理功能以适应环境变化的特性,称为适应性。

新陈代谢、兴奋性和适应性是动物生命活动的基本特征。新陈代谢是基础,动物生命体通过兴奋性、适应性改变自身的代谢过程来应对外界刺激,从而维持正常的生命活动。

1.3.2　机体内环境

机体内环境是指动物机体细胞直接生活的环境。动物机体内绝大多数细胞都不直接与外界环境接触,而是生活在一定的体液环境中。体液按存在的部位可分为两部分:存在于细胞内的叫细胞内液;存在于细胞外的叫细胞外液,它包括组织液、血浆、淋巴和脑脊液等,细胞外液最根本的特点是其组成成分和数量都是相对恒定的。细胞外液是机体细胞直接生活的环境,称为机体的内环境,借以区分整个机体赖以生存的外环境。

1.3.3　稳态及其调节

在生理学中,把机体在一定的限度内,保持内环境中的各种成分和理化性质相对稳定的状态,称为稳态。在正常的机体内,内环境中的各种因素也是不断变化的,不是绝对稳定的。因为一方面外环境变化的干扰,另一方面体内细胞不断进行代谢活动,都直接影响内环境的稳定。一般认为,机体的稳态调节是一个极为复杂的过程,通常涉及机体不同水平的调节,总的说来,它是在神经系统的主导作用下,通过复杂的神经、神经-体液及体液调节来实现的。

复习思考题

1. 举例说明刺激与反应的关系。
2. 简述机体功能调节的方式及特点。

第2章
血液生理

本章导读:了解血液的组成、理化特性和功能;熟悉血液凝固的过程和机理;掌握血液常规检查及实践中常用的抗凝与促凝方法。

血液是一种红色、略带腥味和黏性的液体,在心脏的推动下循环流动于全身血管系统中。血液在不断流动过程中,实现其运输物质、维持稳态、保持机体正常代谢以及参与神经体液调节等生理功能。

2.1 血液的组成与理化特性

2.1.1 血液的组成

血液是由液体成分的血浆和悬浮其中的血细胞组成。血液离开血管后将很快凝固,由液态变为胶冻状。能够防止血液凝固的物质称为抗凝血剂,常用的抗凝血剂有草酸盐、柠檬酸盐和肝素等。

将经过抗凝血剂处理过的血液置于离心管中,经离心沉淀后(3 000 r/min,30 min),可明显地分为上、下两层:上层液体部分称为血浆;下层为红细胞;两层之间有一薄层白细胞和血小板。按上述条件离心沉淀后被压紧的红细胞容积占全血容积的百分率,称为红细胞比容或红细胞压积,简称为血液比容或血液压积。大多数动物的血液比容为34%~45%,如马为33.4%,猪为39.6%,牛为40.0%。当血浆容积、红细胞数量或体积有了变化时,可在血液比容上反映出来。临床中测定血液比容有助于诊断脱水、贫血和红细胞增多症等。

离开血管的血液不作抗凝处理,所凝固的血块不久后将进一步紧缩,并析出淡黄色清亮液体,称为血清。血清与血浆的主要区别在于:血清中不含有一种叫做纤维蛋白原的血浆蛋白成分,这是因为该种物质在血液凝固过程中,转变成为不溶性的纤维蛋白,并被留在了血凝块之中。因此,可把血清看作不含纤维蛋白原的血浆。

2.1.2 血液的理化特性

1）血液颜色、密度与气味

血液呈红色,这是与红细胞内血红蛋白的含氧量有关。体循环动脉血中血红蛋白含氧量多,色鲜红;静脉血中血红蛋白含氧量少,血色暗红。

动物血液的密度变动于 1.046～1.052 范围内。密度的大小取决于所含的血细胞数量和血浆蛋白的浓度。

血液中因存在有挥发性脂肪酸,故带有腥味,肉食动物腥味更甚。

2）血液的黏滞性

液体流动时由于内部分子间相互碰撞摩擦产生阻力,表现出流动缓慢和黏着的特性,叫做黏滞性。全血(包括血浆和血细胞)的黏滞性比水大 4.5～6.0 倍,血浆的黏滞性比水大 1.5～2.5 倍。红细胞数量越多,血浆蛋白浓度越高,黏滞性也越大。血液黏滞性是形成血压的因素之一,并能影响血流速度。

3）血浆的渗透压

血浆渗透压约为 7.6 个大气压,约相当于 770 kPa(5 776 mmHg,1 mmHg = 133.32Pa)。血浆渗透压由两部分溶质构成:

(1)晶体渗透压　由血浆中的晶体物质,特别是各种电解质构成,叫做晶体渗透压。

(2)胶体渗透压　由各种血浆蛋白质构成,叫做胶体渗透压。

血浆渗透压主要部分是晶体渗透压,约占总渗透压的 99.5%;胶体渗透压仅占 0.5%,血浆胶体渗透压虽小,但由于蛋白质不易透过毛细血管壁,而且血浆蛋白浓度又高于组织液,因此有利于血管中保留水分。

有机体细胞的渗透压与血浆的渗透压相等。与细胞和血浆的渗透压相等的溶液,叫做等渗溶液,常用的等渗溶液是 0.9% 氯化钠溶液和 5% 葡萄糖溶液,其中 0.9% 氯化钠溶液又称为生理盐水。渗透压比它高的溶液称为高渗溶液,渗透压比它低的溶液称为低渗溶液。

4）血液的酸碱度

动物血浆的正常 pH 值为 7.35～7.45,变动的范围很窄。保持 pH 稳定是生命活动正常运行的必要条件。生命能够耐受的 pH 极限为 6.9～7.8,超此限度将直接影响组织细胞的正常兴奋性,并损害代谢活动所需的酶类。

血液 pH 值能保持相对恒定,有赖于机体完善的调节。这种调节主要涉及血液中的酸碱缓冲物质和有机体其他器官的酸碱调节活动。

(1)血液中的缓冲物质　血液中含有多种缓冲物质,它们是成对存在的,通常是由弱酸和碱性弱酸盐这一对物质所组成。血浆中主要的缓冲物质对有:$NaHCO_3/H_2CO_3$;Na_2HPO_4/NaH_2PO_4 和蛋白质-钠/蛋白质等。其中以 $NaHCO_3/H_2CO_3$ 最为重要,每当血液中酸性物质增加时,碱性弱酸盐与之起反应,使其变为弱酸,于是酸性降低;而当血液中碱性物质增加时,则弱酸与之起作用,使其变为弱酸盐,缓解了碱性物质的冲击。

（2）机体其他器官的酸碱调节 动物体的呼吸活动和肾的排泄,共同参与酸碱调节。通过呼吸活动排出 CO_2 以调节血浆中的 H_2CO_3 浓度;肾脏在尿的生成过程中,既可排泄酸性物质,又可回收 $NaHCO_3$,有利于保持两者的与正常比值。

2.1.3 血量

血量是指机体内的血液总量。其中一部分投入循环流动,称为循环血量;另一部分则暂时滞留于"储血库"中,即存在于肝、脾、肺及皮下等处毛细血管和血窦之中,称之为储备血量。通常情况下,循环血量占80%,储备血量占20%,两部分血量的比例,可随机体状态不同而相应变化。剧烈运动时,循环血量增大;反之,相对静止时,则储备血量增多。

成年动物的血量因品种、年龄等不同而异。成年动物的血量约为其体重的5% ~ 9%;牛和羊为体重的6% ~7%;马为8% ~9%;狗为5% ~6%。幼龄动物血量较多,可达其体重10%以上(见表2.1)。

表 2.1 几种成年动物的血量

动物种类	体重血量/$(mL \cdot kg^{-1})$	动物种类	体重血量/$(mL \cdot kg^{-1})$
马(赛马)	109.6	鸡	74.0
马(役马)	71.7	狗	92.5
奶牛	57.4	猫	66.7
猪	57.0	兔	56.4
绵羊	58.0	小白鼠	54.3
山羊	70.0	豚鼠	72.0

机体的血量是相对稳定的,这是维持正常血压和器官供血所必需的条件。一次性失血不超过全身血量的10%,一般不会影响健康,机体可以很快恢复。如果一次失血达到血量的20%,则明显影响机体正常活动,恢复也较缓慢。如果急性大失血达总血量的1/3以上时,将危及生命。失血量不多时,血浆中丢失的水分和无机物,将在1~2 h 内由组织液渗入血管得以补足;血浆蛋白则需要1~2 d 的时间由肝脏加快合成以补偿;至于血细胞,则需更长时间通过造血器官活动加强才能恢复。

2.2 血 浆

血浆是有机体内环境的重要组成部分。血浆含90% ~92%的水,在8% ~10%的溶质中主要是血浆蛋白质(占5% ~8%),其余是各种无机盐和小分子有机物(占2% ~3%)。

2.2.1 血浆中的无机盐

血浆中的无机盐主要以离子形式存在,少数以分子或与蛋白质结合状态存在。主要的阳离子有 Na^+,K^+,Ca^{2+},Mg^{2+};主要的阴离子有 Cl^-,HCO_3^-,HPO_4^- 和 SO_4^{2-}。主要的微量元素有铜、锌、铁、锰、碘、钴等,它们主要存在于有机化合物分子中。这些无机离子在维持血浆渗透压、酸碱平衡以及神经肌肉正常兴奋性等方面起重要作用。

2.2.2 血浆蛋白

血浆蛋白是血浆中多种蛋白质的总称。这些蛋白质通常用盐析法被区分为清蛋白(或称白蛋白)、球蛋白和纤维蛋白原三类。用电泳分离法,球蛋白还可再区分为 α^-、β^- 和 γ^- 球蛋白。大多数动物的球蛋白标准电泳图可区分为 α_1,α_2,β_1,β_2,和 γ 五部分。

1)清蛋白

清蛋白主要由肝脏合成,是血浆蛋白中数量最大、分子量最小的一种蛋白质,是构成血浆胶体渗透压的主体(占血浆胶体渗透压的75%)。清蛋白在血液运输中也有重要作用,可与游离脂肪酸、胆色素和激素等水溶性较低的物质相结合,作为它们在血液中的运输载体。

2)球蛋白

α^- 和 β^- 球蛋白由肝脏合成,γ^- 球蛋白主要是由淋巴细胞和浆细胞制造。γ^- 球蛋白几乎全都是免疫抗体,称之为免疫球蛋白(IgG)。许多新生幼畜的血浆中不含有 γ^- 球蛋白,仅能由母体初乳获得被动免疫。球蛋白能与脂类结合成为脂蛋白,对脂类以及脂溶性维生素等起重要的运输载体作用。

3)纤维蛋白原

纤维蛋白原由肝脏合成,主要在血液凝固过程中起作用,可形成血凝块,当组织受伤出血时,堵塞血管破口、起止血的作用(见表2.2)。

表 2.2　成年动物血液中某些成分的含量

动物	全血/($mmol \cdot L^{-1}$)			血清/($mmol \cdot L^{-1}$)				血清蛋白/($g \cdot L^{-1}$)		
	葡萄糖	非蛋白氮	尿素氮	总胆固醇	钙	无机磷	氯	总蛋白	白蛋白	球蛋白
马	2.8~4.8	14.3~28.6	3.6~7.1	1.9~3.9	2.3~3.8	0.43~1.06	95~110	65.0	32.5	32.5
牛	2.0~3.5	14.3~28.6	2.1~9.6	1.3~6.0	2.3~3.0	0.67~1.78	80~110	76.0	36.3	39.7
绵羊	1.5~2.5	14.3~27.1	2.9~7.1	2.6~3.9	2.3~3.0	0.67~1.73	95~110	53.8	30.7	23.1
山羊	2.3~4.5	21.4~31.4	4.6~10.0	1.4~5.2	2.3~3.0	0.67~1.73	100~125	66.7	39.6	27.1
猪	4.0~6.0	14.3~32.1	2.9~8.6	2.6~6.5	2.3~3.8	1.06~1.73	95~110	63.0	20.3	32.7
狗	4.0~6.0	12.1~27.1	3.6~7.1	3.2~6.4	2.3~2.8	0.43~0.86	105~120	62.0	35.7	26.3
猫	4.0~6.0	—	3.6~10.7	2.3~2.8	2.0~2.9	—	105~120	75.8	40.1	35.7

2.2.3 血浆中其他有机物

血浆中除了蛋白质以外,还含有许多含氮和不含氮的化合物。

1)非蛋白质含氮化合物

通常称这类化合物所含的氮为非蛋白氮(NPN),它们主要是蛋白质代谢的中间产物或终末产物,包括尿素、尿酸、肌酸、肌酐、氨基酸、胆红素和氨等。其中尿素、尿酸、肌酸、肌酐等蛋白质代谢终末产物均由肾脏排泄。

2)血浆中不含氮的有机物

血浆中不含氮的有机物,如葡萄糖、甘油三酯、磷脂、胆固醇和游离脂肪酸等,它们与糖代谢和脂类代谢有关。

3)血浆中微量的活性物质

血浆中微量的活性物质主要包括酶类、激素和维生素。血浆中的酶来源于组织或血细胞,临床测定酶的活性可以反映相应组织器官的机能状态,有助于诊断。

2.3 血细胞

2.3.1 红细胞

1)红细胞的数量和形态

红细胞是各种血细胞中数量最多的一种,各种动物红细胞数量(见表2.3)。不同种类的动物红细胞数量不同,同种动物红细胞数量也因品种、年龄、性别、生理状态和生活环境不同而有所差异。

表2.3 几种成年动物红细胞数量

动物种类	红细胞数/$(10^{12} \cdot L^{-1})$
马	7.5(5.0~10.0)
牛	7.0(5.0~10.0)
猪	6.5(5.0~8.0)
狗	6.8(5.5~8.5)
绵羊	12.0(8.0~12.0)
山羊	13.0(8.0~12.0)
猫	7.5(5.0~10.0)

哺乳类动物成熟的红细胞为无细胞核、双面内凹的圆盘形(骆驼和鹿为椭圆形)。这种双凹圆盘形态可使红细胞的表面积与体积的比值增大。较大的表面积可使内含物在细胞内有较多的活动余地,因而红细胞具有很强的形变可塑性,当红细胞进出比其直径还小的毛细血管和血窦孔隙时,可避免挤压受损。此外,这种形态可使中央细胞膜到达细胞

内部的距离缩短,这对于 O_2 和 CO_2 的扩散、营养物质和代谢产物的运输,都非常有利。

2)红细胞的特性与功能

（1）红细胞的特性

①膜的选择性通透。水、氧和二氧化碳等分子可以自由通过细胞膜；Cl^-、HCO_3^- 和 H^+ 也较容易透过；Ca^{2+} 则很难透入,因此红细胞内几乎没有 Ca^{2+}；至于 Na^+,正常状态下进入细胞后又被推出于膜外,并经 Na^+-K^+ 交换而将 K^+ 纳入细胞内,以维持膜内、外 K^+ 与 Na^+ 的浓度差,保持细胞的正常兴奋性。

②渗透脆性与溶血。将红细胞放入低渗溶液中,红细胞将因吸水而膨胀,细胞膜终被胀破并释放出血红蛋白,这一现象称为溶血。红细胞对低渗溶液有一定的抵抗力,当周围液体的渗透压降低不大时,细胞虽有胀大但并不破裂溶血,对低渗的这种抵抗力称之为红细胞渗透脆性。对低渗的抵抗力大,则脆性小;对低渗的抵抗力小,则脆性大。衰老的红细胞脆性大,在某些病理状态下,红细胞脆性会显著增大或减小。

③红细胞的悬浮稳定性和沉降率。红细胞能均匀地悬浮于血浆中不易下沉的特性,称为红细胞的悬浮稳定性。常用红细胞沉降率以测定红细胞的这一特性。将抗凝处理的血液垂直静置于小玻璃管中,红细胞由于比重较大而下沉。通常以 1 h 内红细胞下沉的距离表示红细胞的沉降率(简称血沉)。动物种别不同血沉也不同,例如,牛的血沉很慢,1 h 内红细胞仅沉降若干毫米;而马的血沉却很快,可下降几十毫米。动物患某些疾病时,血沉会发生明显变化。因此,测定血沉有诊断价值。

血沉的成因主要是由于红细胞的重力和红细胞与血浆之间的摩擦力相互作用的结果。血沉的快慢不决定于红细胞本身,而在于血浆的成分。血浆中的纤维蛋白原、球蛋白和胆固醇等的含量增加,可使血沉加快;清蛋白、卵磷脂含量增加,则可延缓血沉。

（2）红细胞的功能　红细胞的主要功能是运输氧和二氧化碳,并对酸、碱物质具有缓冲作用,而这些功能均与血红蛋白有关。

①血红蛋白与气体运输。红细胞内容物主要成分是血红蛋白(Hb),它约占细胞干物质的90%。血红蛋白是一种含铁的特殊蛋白质,由一种叫做珠蛋白的蛋白质和亚铁血红素组成。血红蛋白既能与氧结合,形成氧合血红蛋白(HbO_2);又易于将它释放,形成脱氧(或"还原")血红蛋白(HHb)。释放出的氧,供组织细胞代谢需要。此外,二氧化碳也可以与血红蛋白结合,以氨基甲酸血红蛋白形式经血液运输。

血红蛋白与氧结合形成氧合血红蛋白(HbO_2)的过程,并非氧化过程;血红蛋白释放氧后形成脱氧(或"还原")血红蛋白(HHb)的过程,也不是还原过程。这是因为在上述过程中血红素内的铁仍为二价铁,并没有电子的得失。但是在某些情况下,例如由于药物(如乙酰苯胺、磺胺等)或亚硝酸盐的作用,它的亚铁离子可被氧化成三价的高铁血红蛋白,这时它与氧的结合非常牢固而不易分离,因而失去运氧能力;如果生成的高铁血红蛋白的量超过血红蛋白总量的 2/3 时,将导致组织缺氧,可因窒息而危及生命。蔬菜类叶、茎中硝酸盐含量较大,如果加工或储放不当,可被硝酸菌作用而使其中硝酸盐转化为亚硝酸盐,如被动物采食,则可发生食物中毒,如猪"白菜叶中毒"。

血红蛋白与一氧化碳(俗称"煤气")结合的亲和力比氧大200多倍,空气中的CO浓度只要达到0.05%(约为氧分压的1/400),血液中就有30%~40%的Hb与之结合,生成一氧化碳血红蛋白(HbCO),使血红蛋白运输能力大为降低,严重时可发生一氧化碳中毒死亡。

血红蛋白的含量是以每升血液中含有的克数表示(见表2.4)。在正常情况下,每克血红蛋白能与1.34 mL的氧结合,若以每100 mL血液中含血红蛋白15 g计算,即100 mL血液约可携带20 mL氧气。

表2.4 几种动物血液中血红蛋白含量

动物种类	血红蛋白量/$(g \cdot L^{-1})$
马	115(80~140)
牛	110(80~150)
绵羊	120(80~160)
山羊	110(80~140)
猪	130(100~160)
狗	150(120~180)
猫	120(80~150)

②血红蛋白的酸碱缓冲功能。还原血红蛋白和氧合血红蛋白的等电点分别为6.80和6.70,而血液的pH约为7.4,因此HHb和HbO_2均为弱酸性物质。它们一部分以酸分子形式存在,一部分与红细胞内的钾离子构成血红蛋白钾盐,因而组成了两个缓冲对,即KHb/HHb和$KHbO_2/HHbO_2$,共同参与血液酸碱平衡的调节作用。

3)红细胞的生成与破坏

红细胞存活时间因动物品种不同而有很大差异。例如,马的红细胞平均寿命为140~150 d,牛的为135~162 d,猪的为75~97 d。而小鼠的红细胞仅存活20~30 d。动物的红细胞总量是保持动态恒定的,因而每分钟都有成千上万衰老的红细胞死亡,同时有等量的新生红细胞投入血流。

(1)红细胞生成 哺乳动物出生以后,红骨髓是正常情况下生成红细胞的唯一器官。造血过程中除了需要造血机能正常的骨髓以外,还要有供应造血原料和促进红细胞成熟的物质。

蛋白质和铁是红细胞生成的主要原料,若供应或摄取不足,造血将发生障碍,出现营养性贫血。

促进红细胞发育和成熟的物质,主要是维生素B_{12}、叶酸和铜离子。前二者在合成核酸(尤其是DNA)中起辅酶作用,可促进骨髓原血细胞分裂增殖;铜离子是合成血红蛋白的激动剂。

维生素B_{12}是一种含钴的化合物。动物体所需的B_{12}主要来自各种动物性食物。维生素B_{12}在小肠吸收,它的吸收需要"内因子"与其结合成复合物,否则难于被吸收;内因子是一种糖蛋白,由胃黏膜产生,若缺乏这种物质,将因缺乏维生素B_{12}而导致贫血。

红细胞生成的调节：红细胞数量能保持相对恒定，主要依赖促红细胞生成素的调节，雄激素等体液因素也与红细胞生成有关。

机体缺氧时刺激肾脏产生促红细胞生成素，该物质可促进骨髓内原血母细胞的分化、成熟和血红蛋白的合成，并促进成熟的红细胞释放。

性激素通过影响促红细胞生成素的生成而作用于造血过程。睾酮可促进红细胞生成素的生成，而雌激素则抑制其生成，这可能是雌性动物红细胞数量低于雄性动物的主要原因。

(2)红细胞的破坏　红细胞的破坏主要是由于自身的衰老所致。衰老的红细胞变形能力减退，脆性增大，容易在血流的冲击下破裂。但是，大部分衰老红细胞是因为难于通过微小孔隙，停滞在脾、肝和骨髓的单核巨噬细胞系统中，随之被吞噬细胞所吞噬。红细胞破坏后血红蛋白被分解为胆绿素、铁和珠蛋白。铁和蛋白大部分可被重新代谢利用，胆绿素作为色素代谢产物经粪和尿排出体外。

2.3.2　白细胞

白细胞不仅存在于血液内，还存在于循环系统之外。血液中的白细胞大部为球形；在组织中由于能作变形运动，因而形态多变。

根据白细胞胞浆中有无粗大颗粒可分类为颗粒细胞和无颗粒细胞两类。颗粒细胞按其颗粒染色特点，又可分为3类，即嗜中性白细胞、嗜酸性白细胞和嗜碱性白细胞；无颗粒细胞包括单核细胞和淋巴细胞。

1) 白细胞的数量和分类

白细胞数量变动范围较大，可随动物生理状态而变化。如一天中晚间多于早晨，剧烈运动多于安静时，进食后白细胞数量也增多。各类白细胞中，一般而言，嗜中性白细胞和淋巴细胞的数量较多，嗜酸性白细胞很少，最少的是嗜碱性白细胞。各种动物白细胞数量(见表2.5)。

表2.5　几种成年动物白细胞数及其分类

	马	牛	绵羊	山羊	猪	兔	狗	猫
白细胞总数 /($10^9 \cdot L^{-1}$)	9 (5.5~12.5)	8 (4~12)	8 (4~12)	9 (5.5~13)	16 (11~22)	—	11.5 (6~17.5)	12.5 (6~17.5)
嗜碱性白细胞/%	<1	<1	<1	<1	1	0	<1	<1
嗜酸性白细胞/%	4	8	4	4	5	1	4	4
淋巴细胞/%	35	58	60	55	50	55	25	30
单核细胞/%	5	5	5	5	4	14	5	5
嗜中性白细胞/%	55	30	30	35	40	30	60	60

2) 白细胞的功能

白细胞依靠其具有的游走、趋化性和吞噬作用等特性，实现对机体的保护功能。白细胞的趋化性是指白细胞能够向其周围环境中存在的某些化学物质靠近的特性。能引起趋化性的物质很多,如细菌产生的某些肽类和脂类、某些补体蛋白以及炎症组织产生的化学物质等。

(1)嗜中性白细胞　有很强的运动游走与吞噬能力,能吞噬入侵细菌、坏死细胞和衰老红细胞,可将入侵微生物限定并杀灭于局部,防止其扩散。

(2)单核细胞　其功能与嗜中性白细胞类似,亦具有运动与吞噬能力,并能激活淋巴细胞的特异性免疫功能,促使淋巴细胞发挥免疫作用。

(3)嗜酸性白细胞　基本上没有杀菌能力,它的主要机能在于缓解过敏反应和限制炎症过程。当机体发生抗原-抗体相互作用而引起过敏反应时,可吸引大量嗜酸性白细胞趋向局部,并吞抗原-抗体复合物,从而减轻对机体的危害。

(4)嗜碱性白细胞　与组织中的肥大细胞有很多相似之处,都含有组织胺、肝素和5-羟色胺等生物活性物质。组织胺对局部炎症区域的小血管有舒张作用,加大毛细血管的通透性,有利于其他白细胞的游走和吞噬活动。它所含的肝素对局部炎症部位起抗凝血作用。

(5)淋巴细胞　主要功能在于参与机体的免疫过程,一部分受胸腺控制,称胸腺依赖性淋巴细胞,简称为 T 淋巴细胞或 T 细胞;另一部分受控于骨髓(哺乳类)或腔上囊(禽类),称骨髓或囊依赖性淋巴细胞,简称 B 淋巴细胞或 B 细胞。B 淋巴细胞经特异性抗原激活后可分化为浆细胞,浆细胞产生各种免疫球蛋白,起识别、凝集、沉淀、溶解并最后摧毁抗原的作用。T 淋巴细胞被激活后分化为特异性免疫效应细胞,通过直接作用而破坏异体组织和入侵抗原,如移植器官、肿瘤细胞等。

3)白细胞的生成和破坏

各类白细胞来源不同:颗粒白细胞是由红骨髓的原始粒细胞分化而来;单核细胞大多数来源于红骨髓,一部分来源于单核巨噬细胞系统,经短暂的血液中生活之后进入疏松结缔组织,最后分化为巨噬细胞;淋巴细胞生成于脾、淋巴结、胸腺、骨髓、扁桃体及散在于肠黏膜下的集合淋巴结内。

白细胞在血液中停留的时间一般都不长,为若干小时至几天。衰老的白细胞大部分被单核巨噬细胞系统的巨噬细胞所清除,小部分可在执行防御功能中被细菌或毒素所破坏,或经唾液、尿、肺和胃肠黏膜被排出。

2.3.3　血小板

血小板为扁平不规则的圆形小体,由骨髓巨核细胞的胞浆断裂而成。血小板寿命短,在血液中仅存留 $5 \sim 11$ d,在肺和脾中分解。血小板没有细胞核,但也能消耗 O_2、产生乳酸和 CO_2,这说明它具有活细胞的特征(见表2.6)。

表2.6　成年动物血小板数量

动　物	数量/($10^9 \cdot L^{-1}$)	动　物	数量/($10^9 \cdot L^{-1}$)
马	$200 \sim 900$	猪	$130 \sim 450$
牛	$260 \sim 710$	狗	$199 \sim 577$

续表

动 物	数量/($10^9 \cdot L^{-1}$)	动 物	数量/($10^9 \cdot L^{-1}$)
绵羊	170~980	猫	100~760
山羊	310~1 020	兔	125~250

血小板的主要生理功能：

1）参与凝血过程

血小板表面能吸附纤维蛋白原、凝血酶原等多种凝血因子。血小板本身也含有与凝血有关的血小板因子，所以血小板是凝血过程的重要参与者。

2）参与止血过程

血管壁受损伤后，血小板会发生粘附和聚集成团，堵塞破口，并释放 ADP，促进血栓的形成。与此同时，血小板释放的 5-HT、肾上腺素等物质，均可使血管收缩。以上过程都是止血所必需的。

3）纤维蛋白溶解

血小板胞浆颗粒中含有纤溶酶原，经活化后可促进纤维蛋白溶解。

2.4 血液凝固

血液由液体状态凝结成血块的过程，称之为血液凝固，简称凝血。凝血过程是一个多因子参与的一系列酶促反应，最后使血浆中呈溶胶状态的纤维蛋白原，转变成为凝胶状态的纤维蛋白。后者呈丝状交错重叠，将血细胞网罗其中，成为胶冻样血凝块。动物偶有受伤出血，凝血作用可避免失血过多，因此凝血也是机体的一种保护功能。

2.4.1 凝血过程

凝血过程大体上经历三个主要步骤：第一步为凝血酶原激活物的形成；第二步为凝血酶原激活物催化凝血酶原转变为凝血酶；第三步为凝血酶催化纤维蛋白原转变为纤维蛋白，至此血凝块形成。

在上述 3 个步骤中，各种凝血因子相继参与，往往是前一个因子使后一个因子活化，而活化了的因子又作为下一个因子的激活因素，如此因果相应，构成连锁式复杂的酶促反应过程。

1）凝血酶原激活物的形成

凝血酶原激活物是由多种凝血因子参与的一系列化学反应而形成的。它的形成有内源性和外源性两种途径，前者是指仅依赖血液中存在的各种凝血物质的作用，就能形成该种物质；后者途径是指该物质的形成除了血浆中的凝血因子以外，还需要组织损伤时释放的物质参与。

20

2）凝血酶原转变为凝血酶

正常的血浆中存在无活性的凝血酶原,在 Ca^{2+} 的参与下,凝血酶原激活物可将其催化为具有活性的凝血酶。

3）纤维蛋白原转变为纤维蛋白

血浆中可溶性的纤维蛋白原,在凝血酶和 Ca^{2+} 的参与下,转变为不溶性的纤维蛋白。凝血酶还能激活部分凝血因子,在凝血因子的作用下,凝胶态的纤维蛋白进一步形成牢固的纤维蛋白多聚体。

2.4.2　血块回缩与凝血时间

血凝形成后由于血小板收缩蛋白的收缩作用,使血凝块回缩而变得结实,同时析出清亮的液体,即血清。从凝血过程可以看出血清成分与血浆是不同的,血清中不含有纤维蛋白原,也不含有某些凝血因子,Ca^{2+} 含量也有所下降。

凝血时间:从血液流出血管到出现丝状的纤维蛋白所需要的时间,称为凝血时间。马的凝血时间为 11.5 min,牛 6.5 min,绵羊 2.5 min,猪 3.5 min。动物患某些病时,可因某些凝血因子缺乏或含量不足,使凝血时间延长。

2.4.3　血液中的抗凝物质和纤维蛋白溶解

正常情况下,循环流动的血液不会在血管中凝固,其原因是多方面的。除了血管内壁光滑,未与组织损伤面接触,不易激活有关凝血因子以外,最主要的是由于血液中含有抗凝血物质和纤维蛋白溶解物质的缘故。

1）血浆中的抗凝血物质

血浆中含有多种抗凝血物质,主要是肝素和抗凝血酶物质。

(1)肝素　是一种酸性黏多糖,由肥大细胞和嗜碱性白细胞合成和释放。肥大细胞分布广泛,体内各器官组织都有肝素,以肺、肝含量最多。肝素进入血液后可抑制凝血酶原激活物的形成,并使凝血酶失活。由于肝素可作用于凝血过程的多个环节,因此它具有强大的抗凝血作用。

(2)抗凝血酶物质　血浆中有多种抗凝血酶物质,其中以抗凝血酶Ⅲ最为重要。它是肝脏合成的一种球蛋白,它可与部分凝血因子结合后使这些凝血因子失活,产生抗凝血作用。

2）血浆中的纤维溶解系统

纤维蛋白被分解液化的过程,称为纤维蛋白溶解,简称纤溶。纤溶系统物质主要包括纤溶酶原及其激活物。体内局部凝血过程所形成的血凝块中的纤维蛋白,当它完成防止出血的保护功能之后,最终需要清除,以利于组织再生和血流通畅,这就需要纤溶物质来完成。血凝块形成后可促使血管内皮细胞、血小板和肺、肾等组织产生并释放纤维溶解酶原激活物,该物质进入血液,激活血凝块中含有的无活性的纤溶酶原,转变为具降解纤

维蛋白活性的纤溶酶。后者则使血凝块的纤维蛋白水解成可溶性小肽,血凝块不断被分解和液化,最后消失。

由此可见,凝血、抗凝血和纤溶是三个密切相关的生理过程,从而保证血流正常运行。

2.4.4 抗凝和促凝措施

实际工作中常采取一些措施促进凝血过程(如减少出血、提取血清时)或防止凝血过程(如避免血栓生成,获取血浆等)。

1)抗凝或延缓凝血的常用方法

最有效的抗凝剂是肝素,已如上述。还可以采用移去钙离子的方法达到抗凝目的,常用的移钙法抗凝剂有:柠檬酸钠、草酸钾、草酸铵等。使用一小束细木条不断搅拌流入容器中的血液,不久后木条上将粘附一团细丝状的纤维蛋白。此即脱纤维法抗凝。由于此法不能保全血细胞,临床血液检验不适用,除非仅利用脱纤血作特殊用途。

凝血过程是一系列酶促反应,而酶的活性明显受温度影响,因此将盛血容器置入低温环境中,可以延缓凝血过程。另外,低温措施还可以增强抗凝剂的效能。例如,在室温条件下,1 mg 肝素钠(约含 140IU)可使 300 ~ 500 mL 血液保持 4 h 不凝固,而在 0 ℃条件下同量肝素钠的抗凝效果可增大 10 倍以上。

2)促凝血或加速凝血常用方法

血液加温能提高酶的活性,加速凝血反应。接触粗糙面,可促进凝血因子的活化。手术中应用温热生理盐水纱布压迫术部,能加快凝血与止血,这是因为除了温度因素外,纱布表面粗糙及其带有负电荷也是促凝的因素。

许多凝血因子合成过程需要 V_K 的参与,V_K 缺乏可致凝血障碍,补充服用 V_K 能促进凝血。

复习思考题

1. 简述血液的组成及理化特性。
2. 简述白细胞的种类及其功能。
3. 血液是怎么凝固的? 常用的抗凝和促凝措施有哪些?

第3章
循环生理

本章导读：了解心肌细胞的生物电现象、心血管活动的调节；熟悉心动周期及心率、心肌的生理特性、血管的种类及功能、动脉血压和动脉脉搏、微循环通路、组织液生成及影响因素；掌握动物心音听诊、心率测定方法。

心脏和血管构成循环系统。动物的循环系统包括体循环和肺循环；心脏有规律的收缩和舒张活动，像泵一样产生推动力，推动血液在循环系统中定向流动，周而复始，称为血液循环。通过血液循环，向全身各组织器官供应各种营养物质，带走代谢终产物，并将各内分泌激素及其他体液性物质带往各靶细胞，实现其体液性调节功能。血液的各种功能，也只有在不停息的循环流动中才能实现。一旦心脏活动停止，血流中断，意味着生命即将完结。

3.1 心脏的泵血机能

3.1.1 心动周期和心率

1)心动周期

心脏每收缩和舒张一次，称为一个心动周期。在一个心动周期中，首先是两心房同时收缩；接着心房舒张，心房开始舒张时，两心室几乎立即同时收缩，两心室收缩的持续时间要长于心房；继之，心室开始舒张，此时心房仍处于收缩后的舒张状态，即心房和心室处于共同舒张状态。至此一个心动周期完结，接着心房又开始收缩而进入下一次心动周期。这样一个心动周期中可顺序出现 3 个时期，即心房收缩期、心室收缩期和心房心室共同舒张期(全心舒张期)。以健康成年猪为例，如果每分钟心脏平均搏动 75 次，即每分钟平均有 75 个心动周期，则每个心动周期持续时间为 0.8 s；心房收缩时间短，平均仅占 0.1 s；心房舒张期 0.7 s；心室收缩期占 0.3 s；心室舒张期 0.5 s(见图 3.1)。由于在心动周期中心室收缩时间长，收缩力也大，它的收缩与舒张是推动血液循环的主要因素，因此，习惯上所说的心缩期与心舒期，是针对心室的收缩期与舒张期而言的。

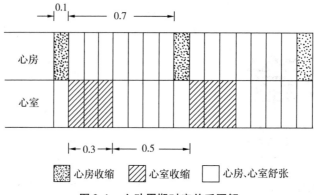

图 3.1　心动周期时序关系图解

2）心动周期中心脏的机械变化

心动周期中,心房和心室的依次收缩和舒张活动,形成心腔内压力变化,而压力变化又推动心瓣膜的开闭活动,从而引导血液定向流动。下面以左心室为例,说明心泵的机械变化。

（1）压力、容积的变化与瓣膜的活动

心房收缩期:心房开始收缩前,心脏处于全心舒张期,心房心室内的压力都较低,房室瓣也处于开启状态,肺静脉回心血液经心房流入心室,心房、心室逐渐充盈,内压逐渐加大。当心房开始收缩时,心房容积缩小,压力升高,将血流逐入心室,心室进一步充盈;心房首先在与外周静脉交界处开始收缩,从而阻断与外周静脉的通道,因而收缩时心房内的血液不致逆回外周血管。心房收缩后即转入舒张期。

心室收缩期:包括等容收缩期、快速射血期和减慢射血期。心房舒张后心室开始收缩,室内压力开始上升,并超过心房内压,往心房方向冲击的血流恰好将房室瓣关闭,血液不会逆流入心房;这时心室刚收缩不久,心室内压力还小于外周动脉（主动脉）,半月瓣处于关闭状态;这段时间心室内血量没有变化,即心室容积或心室肌纤维长度不变,所以称等容收缩期。心室继续收缩,压力急剧上升,当心室内压超越外周动脉时,高压血流冲开半月瓣,急速射入主动脉,这段时间称为快速射血期。随后心室肌收缩力减弱,射血速度减慢,称为减慢射血期,心室容积进一步缩小到射血期的最小程度。

心脏舒张期:包括等容舒张期、快速充盈期和减慢充盈期。心室收缩完毕,开始舒张时,心室内压急速下降,高压的主动脉血流往回冲撞半月瓣而将其关闭,阻断血液倒流入心。此时因心室刚开始舒张不久,心室内压仍然高于心房内压,房室瓣还处于关闭状态,这段时间心室容积未变,称为等容舒张期。心室继续舒张,当压力降至低于心房内压时,心房内大量血液冲开房室瓣并快速流入心室,称为快速充盈期。此后心室容积显著增大,压力回升,心房内血液以及回心血液较慢地流入心室,进入减慢充盈期,心室容积进一步扩大。过后,又开始另一个心动周期的心房收缩。

在心房心室共同舒张期,回心血液经心房不断进入心室。在一般情况下,血液充盈心室主要靠心舒时心室内压降低产生的抽吸作用,只是在心率增快致使心舒期（充盈期）

明显缩短时,心房收缩的充盈量才达到心室总充盈量的30%。

（2）心音　在一个心动周期中,在胸壁的适当部位,可用直接听诊法听到两声音响,即第一心音（Ⅰ）和第二心音（Ⅱ）,偶尔还能听到较弱的第三心音（Ⅲ）。如果用音波换能器收集心音,并经放大、描记,可获得心音图（见图3.2）,在心音图上还可观察到第四音（Ⅳ）。

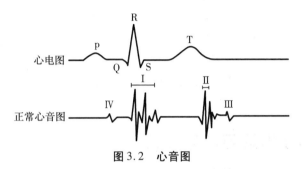

图3.2　心音图

第一心音发生于心收缩期的开始,又称心缩音。心缩音音调低、持续时间较长;产生的原因主要包括心室肌的收缩、房室瓣的关闭以及射血开始引起的主动脉管壁的振动。

第二心音发生于心舒期的开始,又称心舒音。音调较高,持续时间较短;产生的主要原因包括半月瓣突然关闭、血流冲击瓣膜以及主动脉中血液减速等引起的振动。

胸廓前壁任一部位均能听到第一心音和第二心音。例如,马的主动脉瓣最佳听诊区在右侧第三肋间近胸骨右缘;肺动脉瓣听诊区在左侧第三肋间近胸骨左缘;三尖瓣的听诊区在右侧第五肋与胸骨的交接处;二尖瓣的听诊区在左侧第五肋间的左腋前线上（见图3.3）。

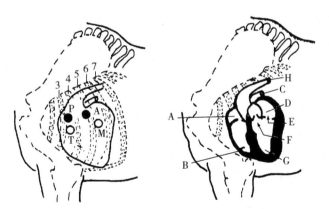

图3.3　马心音最佳听诊部位 3～7为第三至第七肋骨

左图:P—肺动脉瓣　A—主动脉瓣　T—三尖瓣　M—二尖瓣

右图:A—右心房　B—右心室　C—肺动脉　D—左心房

E—二尖瓣　F—主动脉瓣　G—左心室　H—主动脉

（3）心率　一分钟内心脏搏动的次数称为心率。心率快慢直接影响每个心动周期的时间,心率越快,每个心动周期的持续时间越短;心率越慢,心动周期持续时间就越长。由于在一个心动周期中,心脏收缩的时间较短,因此,在心率加快、心动周期缩短的情况下,被缩短的主要是心脏舒张期。由此可见,过快的心率不利于心脏的舒缓休息。动物

的心率因种类、品种、性别和年龄不同而异；调教有素的动物，平时心率较慢，强烈运动时心率加快也不如缺乏锻炼者那样显著。

表3.1 各种动物心率的正常变异范围

动 物	心率/(次·min⁻¹)	动 物	心率/(次·min⁻¹)
骆驼	25 ~ 40	猪	60 ~ 80
马	28 ~ 42	狗	80 ~ 130
奶牛	60 ~ 80	猫	110 ~ 130
公牛	30 ~ 60	兔	120 ~ 150
山羊、绵羊	60 ~ 80		

3.1.2 心输出量与心力贮备

心输出量是评价心泵功能的重要指标。

1)每搏输出量与每分输出量

一个心动周期中一侧心室射出的血量，称每搏输出量。正常情况下，两侧心室的射血量是相等的。每分钟射出的血量称为每分输出量，等于每搏输出量与心率的乘积。一般所说的心输出量即是指每分输出量而言。

正常情况下，每一心动周期中，心室并没有射出心室内的全部血量；生理上将每搏输出量占心舒末期容积的百分比，称为射血分数。通常射血分数约为55% ~ 65%，当加强收缩时，射血分数可达85%以上。

2)心力贮备

心输出量与机体所处状况、代谢水平相适应。剧烈运动时，心输出量较平静时可成倍增加；心输出量随机体需要而相应增大的这种能力，称为心泵功能的贮备，又称心力贮备。

心力贮备有两种表现形式，即心率贮备和搏出量贮备。前者指加快心搏频率，以增加每分输出量；后者主要指心肌加强收缩，增加每搏输出量。当充分动用心率贮备和搏出量贮备时，每分输出量可达平静时的5 ~ 6倍。由此可见，心力贮备的大小，可以反映心脏泵血功能对代谢需要的适应能力。

3)影响心输出量的因素

心输出量决定于每搏输出量和心率，机体通过调节心率和心肌收缩力量实现心输出量的调节。

（1）心肌的异长自身调节 回心血量大小影响心室舒张末期的容积。因心血量越大，心室容积也越大，于是心室收缩前心室肌细胞在充盈血液的压力负荷下，越被拉伸，其最初长度也就越大。实验证明，在一定负荷下适当拉长心肌纤维初长度，能产生最大张力，作最大的功。心肌纤维初长度增加，导致心肌收缩强度增加的这种机理，称为心肌的异长自身调节。当回心血量增加、心室容积增大时，通过这一机制加大心室收缩的功，使搏出血量增加,防止心室舒张末期容积和压力发生过久和过度的改变,保持回心血量与射血量的动态平衡,从而实现心脏泵血机能的自身调节。

(2)心肌的等长自身调节　当剧烈而持久的运动时,搏出量增加,但心室舒张末期容积并不一定增大,可能反而变小,这是因为射血分数增大所致。此时搏出量增加则不是依靠异长自身调节,而是主要靠心肌收缩能力的变化来调节。机体的神经、体液因素,通过改变心肌的机能状态和作用于心肌细胞兴奋-收缩偶联的各个环节,促进心肌收缩加强,增加搏出量。这种与心肌初长无关,仅依靠心肌自身收缩能力而影响每搏输出量的调节,称为心肌的等长自身调节。

(3)外周阻力的影响　外周阻力指血液在心脏以外流动过程所受到的阻力。对左心室射血而言,最直接的外周阻力即主动脉血压。在心率、心肌初长和收缩能力不变的情况下,主动脉血压升高,射血阻力加大,使心室等容收缩期延长,射血时程缩短,导致搏出量减少。反之,如果动脉血压降低,射血阻力减少,搏出量也相应增加。

(4)心率的影响　在一定范围内,每分输出量将随心率的增加而增加。但心率过快,心舒期缩短,心室充盈量不足,搏出量将减少。反之,心率过慢,则过长的心舒期已超过心室充盈血量达极限所需的时间,也不可能再增加搏出量,每分输出量也将因之减少。

3.2　心肌细胞的生物电现象与生理特性

心脏之所以能有节律地舒缩活动并完成泵血功能,其生理基础在于心肌细胞具有独特的生理特性以及与这些特性密切相关的生物电活动。

3.2.1　心肌细胞的类型及特征

心肌细胞按结构和功能,可分为普通心肌细胞和特殊分化的心肌细胞两类。

1)普通心肌细胞

普通心肌细胞是指心房和心室肌细胞。这类心肌细胞富含肌原纤维,主要功能是收缩做功,提供心泵活动的动力,又称为收缩细胞或工作细胞。它们虽然具有接受外来刺激产生兴奋并将其传导的能力,但不能产生自动节律性兴奋,属于非自律性细胞。

2)特殊分化的心肌细胞

特殊分化的心肌细胞包括 P 细胞和浦肯野氏细胞。它们缺乏收缩能力,但具有产生自动节律性兴奋的能力,称为自律细胞。由它们构成心传导系统,完成兴奋的传导功能。心传导系统包括窦房结、心房传导组织、房室结、房室束及其分支以及心室传导组织(见图3.4)。

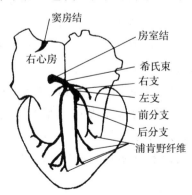

图 3.4　心脏传导系统示意图

3.2.2 心肌细胞的生理特性

心肌细胞的生理特性包括兴奋性、自律性、传导性和收缩性。

1)心肌细胞的兴奋性

各类心肌细胞均为可兴奋细胞,具有兴奋性。衡量心肌细胞兴奋性高低,可用刺激阈表示。阈值大小决定于静息电位(或舒张期最大电位)与阈电位之间的电位差;两者间差距小,引发心肌兴奋所需刺激强度也小,表示心肌兴奋性高;反之,差距大,产生的兴奋所需阈值也大,表示兴奋性低。

心肌细胞也和其他可兴奋细胞一样,发生一次兴奋后,兴奋性也要经历各个时期的变化之后,才恢复正常。心肌细胞兴奋性的重要特点之一在于有效不应期特别长。

(1)有效不应期 从 0 期去极化到 3 期复极化达 -55 mV 这段时间内,给予任何强度的刺激都不能引起心肌的兴奋,因为在此期间快 Na^+ 通道(快反应细胞)或慢钙通道(慢反应细胞)处于失活状态。当 3 期复极化从 -60 ～ -55 mV 这段时间,给以阈上刺激,已能引起局部去极化,但还不能产生可传导的动作电位,不足以引起整个心室收缩。因而将 0 期去极化开始到 3 期复极化,膜电位恢复到 -60 mV 的这一段不能产生动作电位的时期,总称为有效不应期(见图 3.5)。

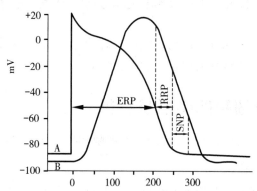

图 3.5 心室肌动作电位期间兴奋性的变化及其与机械收缩的关系

A—动作电位 B—机械收缩 ERP—有效不应期 RRP—相对不应期 SNP—超常期

(2)相对不应期 相当于 3 期复极化末期从 -80 ～ -60 mV 这段期间,能接受阈上刺激并引发动作电位,所以称为相对不应期,这时期产生的动作电位在 0 期去极化的速度及幅度都小于正常,兴奋向外传导的速度也较慢。

(3)超常期 3 期复极化膜电位从 -90 ～ -80 mV 这段期间,膜电位比 4 期更接近阈电位,因而稍弱于阈值的刺激就能引发向外传导的动作电位,即心肌的兴奋性较高,所以称此期为超常期。不过此期发生的动作电位的幅度和 0 期去极速度仍低于正常。到 3 期复极末期,膜电位恢复正常,兴奋性也恢复正常。

2）心肌细胞的自律性

心肌自律细胞在没有外来刺激条件下，能自动发生节律性兴奋的特性与能力，称为自动节律性，简称自律性。自律细胞中窦房结 P 细胞自律性最高。在正常情况下，窦房结是支配整个心脏活动的节律起点，所以称窦房结为心脏的起搏点，其所形成的节律叫窦性节律，而其他自律细胞的自律性则处在窦房结控制之下不表现其自身的节律性，成为潜在的起搏点。在窦房结功能发生障碍时，潜在起搏点才取而代之，以较低的频率引发心脏活动。

3）心肌细胞的传导性

心肌细胞传导兴奋的能力，可用动作电位沿细胞膜传导的速度来衡量。心肌细胞之间兴奋的扩布，也是通过局部电流实现的。心肌细胞间存在闰盘结构，允许荷电离子顺利通过闰盘传递到另一个心肌细胞，从而引起整个心肌的兴奋和收缩，使心肌组织俨然成为一个功能合胞体。

兴奋在心脏不同部位的传导速度各不相同，具有快-慢-快的特点。窦房结发出的兴奋经心房传导组织（房间束），迅速传给左、右心房，激发两心房间同步收缩。继之，兴奋并以 1.7 m/s 速度迅速通过窦房结与房室结之间的传导组织，传到房室交界。但是，兴奋通过房室交界的速度变慢，仅达 0.02 m/s，兴奋在此被延搁约 0.1 s，称为房-室延搁。

房-室延搁具有重要生理意义，可使兴奋到达心房和心室的时间前后分开，使心房收缩结束后才开始心室收缩，保证心室收缩之前充盈更多血液，以利泵血功能；随后心室传导组织传导速度又变快，其中房室束及其束支为 1.2～2.0 m/s，浦肯野氏纤维传导速度更快，可达 2.0～4.0 m/s。因此，兴奋经房-室延搁之后，迅速传到心室肌，使左右心室同步收缩。

4）心肌细胞的收缩性

心肌的收缩性是指心房和心室工作细胞具有接受阈刺激产生收缩反应的能力。正常情况下它们仅接收来自窦房结的节律性兴奋的刺激。心肌细胞收缩机理与骨骼肌相同，但有其特点，主要表现在心肌不产生强直收缩。

心肌在发生一次兴奋后，其有效不应期比自身收缩时的缩短期还长，只有进入舒张期之后，才能接受新的刺激发生又一次收缩。离体蛙心在窦性节律收缩的基础上，如在相对不应期中给以一次阈上刺激（额外刺激），则可提前引发一次心脏收缩（称期前收缩），而随即到来的节律点兴奋，却恰好落在期前收缩后的有效不应期中，只有等到再一次传来节律点兴奋时，才能引起心肌收缩，于是心肌在期前收缩之后，出现一次较长的舒张期，称为代偿间歇。心肌的这一特点，可以避免发生强直收缩，使心肌按照起搏点的节律性兴奋，进行舒缩交替的活动，保证泵血功能的实现。

3.3 血管生理

3.3.1 血管的种类和功能

血管系统由动脉、毛细血管和静脉 3 类血管组成。各类血管因管壁结构和所在的位置不同,其功能也各有特点。按生理功能可将血管分为以下几类:

1)弹性血管

弹性血管包括主动脉及其发出的大分支血管。这一类血管管壁厚,含弹性纤维较多,具有较大的可扩张性和弹性。

2)阻力血管

阻力血管包括小动脉和微动脉。这一类血管管壁富含平滑肌,在神经和体液的调节下可做舒缩活动,改变管径,使血液流动的阻力发生变化。

3)交换血管

交换血管指毛细血管。管壁纤薄,仅由单层内皮细胞构成,内皮细胞之间有裂隙,有很大的通透性,是血管内血液与血管外组织液进行物质交换的场所。

4)容量血管

容量血管指静脉血管,它与同级的动脉比较,数量多,口径大,管壁薄,容量大。在静息状态下,静脉系统容纳的血量可达循环血量的60%~70%。

5)短路血管

短路血管指小动脉与小静脉之间的吻合支。这种结构可使动脉血液不经毛细血管网而直接回流静脉系统,所以没有物质交换的功能。

3.3.2 血液在血管系统内的流动

1)血流量与血流速度

在单位时间内流过血管某一横断面的血量,叫做血流量,或容积速度,常以每分钟毫升数或升数表示。血流量(Q)大小主要决定于两个因素,即血管系统两端的压力差(ΔP)和血管对血流的阻力(R)。三者的关系是:血流量与血管两端压力差成正比,与血流阻力成反比,即

$$Q = \frac{\Delta P}{R}$$

在体循环系统中,Q 相当于心输出量。按照流体力学规律,在封闭的管道系统中,各个横断面的流量都是相等的,因此,在整个循环系统中,动脉、毛细血管和静脉系统各段血管总横断面血流量也都基本相等,即大致等于心输出量。

上式中的 ΔP 在体循环中,相当于主动脉血压与右心房压之差,由于右心房压接近零值,因此 ΔP 实际即相当于平均动脉压。

就某一器官而言,单位时间内流过该器官的血液量,称为器官血流量。它与该器官的动脉压与静脉压之差成正比,而与该器官的血流阻力成反比。当该器官的动脉压升高或该器官内血管舒张(血流阻力减少)时,则该器官的血流量增多,反之就减少。在正常情况下,器官血流量是与该器官当时的代谢水平相适应的。

血流速度指血液在血管内流动的线速度,即一个质点在血流中前进的速度。各类血管中的血流速度与同类血管的总横断面积成反比。主动脉及其主要分支,血管口径虽然大,但其数量少,总横断面积最小,因而大、中等动脉内血液流速最快,如主动脉血流速度可达 $40\sim50$ cm/s;毛细血管虽细,但有无数分支,总横断面积最大,因而毛细血管内血流速度最慢,仅达 $0.05\sim0.08$ cm/s。如此缓慢的流速,极有利于物质通过毛细血管壁进行交换。

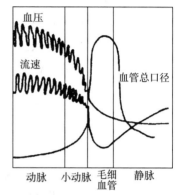

图 3.6　各段血管的血压、血流速度和血管总横断面积的关系示意图

血液由毛细血管进入静脉后,总横断面积逐渐缩小,于是流速又逐渐加快。但由于静脉口径比伴行的动脉大,所以静脉内的血液流速要慢于同级动脉内的血液流速(见图 3.6)。

2)血流阻力

血液在血管内流动时遇到的各种阻力之和,称为总外周阻力。在小血管(主要是小动脉和微动脉)内的血流阻力,称为外周阻力。血流阻力主要来源于血液内部和血液与血管壁之间的摩擦力。血液在血管内流动时,与血管壁紧贴的一层血液所遇到的摩擦阻力最大,血液流速最慢,愈是接近血管中心处,血流的摩擦阻力愈小,流速也愈快;血液流速的这种分层次现象,称为层流。血液在血管内以层流方式流动时,红细胞有向中轴部分移动的趋势,这种现象称为轴流。贴近血管壁流速较慢的部分是一层含红细胞较少的血液或血浆。

3)血压

(1)血压的概念及其测定　血压是指血管内的血液对于单位血管壁的侧压力,即压强。以往惯用毫米汞柱(mmHg)为单位,并以大气压作为生理上的零值。根据国际标准计量单位,压强单位为帕(Pa),1 mmHg 相当于 133 Pa 或 0.133 kPa。

血压测量方法有直接和间接测量两种。在生理急性实验中多用直接测量法,即将导管一端插入实验动物动脉管,另一端与带有 U 管的水银检压计相连,通过观察 U 管两侧水银柱高度差值,便可直接读出血压数值。但此法仅能测出平均血压的近似值,不能精确反映心动周期中血压的瞬时变动值。动物血压的间接测定也常用听诊法,或采用压力传感器将压力变化转换为可直接读取的数值。大、小动物测定血压的常用部位(见图 3.7)。

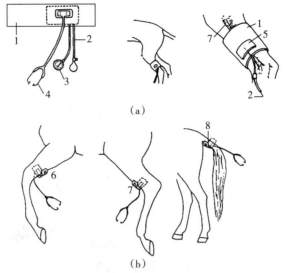

图 3.7　血压的间接测定

（a）狗　（b）马

1—密封气囊　2—充气管　3—压力计　4—监听器
5—压力传感器　6—正中动脉　7—胫前动脉　8—尾中动脉

（2）血压的形成　血管内有血液充盈是形成血压的基础。血液充盈的程度决定于血量与血管系统容量之间的相互关系：血量增多，血管容量减少，则充盈程度升高；相反，血量减少，血管容量增大，则充盈程度下降。在狗的实验中，在心跳暂停、血液不流动的条件下，循环系统平均的充盈压为 0.93 kPa。

心脏射血是形成血压的动力。心室收缩所释放的能量可分解为两个部分：一部分以动能形式推动血液流动；另一部分以势能形式作用于动脉管壁，使其扩张。当心动周期进入舒张期，心脏停止射血时，动脉管壁弹性回缩，将储存于管壁的势能释放出来，转变为动能，继续推动血液向外周流动。

外周阻力是形成血压的重要因素。如果仅有心室收缩作功，而不存在外周阻力的话，那么心室收缩的能量将全部表现为动能，射出的血液，毫无阻碍地流向外周，对血管壁不能形成侧压力。可见，除了必须有血液充盈血管之外，血压的形成还与心室收缩和外周阻力两者相互作用有关。

由于血液从大动脉流向外周并最后回流心房，沿途不断克服阻力而大量消耗能量，因此从大动脉、小动脉至毛细血管、静脉，血压递降，直至能量耗尽，以至当血液返回接近右心房的大静脉时，血压可降至零，甚至还是负值，即低于大气压。

3.3.3　动脉血压和动脉脉搏

1）动脉血压

通常所说的血压，是指体循环系统中的动脉血压，它是决定其他各类血管血压的主要动力。在每次心动周期中，动脉血压随着心室的舒、缩活动而发生明显波动。这种波动在小动脉后段已消失(见图3.8)。

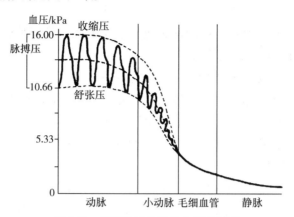

图3.8　血管系统各段的血压示意图

(1)收缩压、舒张压和平均压　收缩压是指心缩期中动脉血压所达到的最高值,或叫做高压。在心舒期中动脉血压下降所达到的最低值,叫做舒张压,或叫做低压。动脉血压的数值,常以分数形式加计量单位来表示,收缩压为分子,舒张压为分母,即:

收缩压/舒张压毫米汞柱(或帕)。例如,马的动脉血压可表示为:17.3/12.7 kPa。

收缩压与舒张压的差值,叫做脉搏压,简称脉压。在心室收缩力和每搏输出量等不变的情况下,脉搏压大小可在一定程度上反映动脉系统管壁的弹性状况。各种动物的血压常值(见表3.2)。

表3.2　各种成年动物颈动脉或股动脉的血压

动物	收缩压/kPa	舒张压/kPa	脉搏压/kPa	平均动脉血压/kPa
马	17.3	12.6	4.7	14.3
牛	18.7	12.6	6.0	14.7
猪	18.7	10.6	8.0	13.3
绵羊	18.7	12.0	6.7	14.3
鸡	23.3	19.3	4.0	20.7
火鸡	33.3	22.6	10.6	25.7
兔	16.0	10.6	5.3	12.4
猫	18.7	12.0	6.7	14.3
狗	16.0	9.3	5.3	11.6
大鼠	13.3	9.3	4.0	11.1
豚鼠	13.3	8.0	5.3	9.7

在一个心动周期中每一瞬间动脉血压都是变动的,其平均值称为平均动脉压,简称平均压。由于在一个心动周期中心缩期往往短于心舒期,因此,平均压不等于收缩压与舒张压的简单平均值。平均压通常可按下式计算:

$$平均动脉压 = 舒张压 + \frac{1}{3}(收缩压 - 舒张压)$$

或者平均动脉压＝舒张压＋$\frac{1}{3}$·脉搏压

（2）影响动脉血压的因素　影响动脉血压的主要因素有每搏输出量、心率、外周阻力、大动脉管壁弹性及循环血量等。

①每搏输出量。在心率和外周阻力恒定的条件下，每搏输出量增加可使动脉内容量加大，收缩压升高。与此同时，弹性管壁的扩张使舒张压也有所增大，但由于收缩压升高时血液流速加快，因此，舒张压升高不如收缩压升高那样明显。

当心率加快时，由于心舒期缩短，回心血量减少，使每搏输出量相应减少，如外周阻力不变，则使收缩压降低。

②外周阻力。外周阻力增加时，动脉血流向外周的阻力加大，使心舒末期动脉内血量增加，因此，以舒张压升高为明显。同样，外周阻力降低时，血压降低也以舒张压下降为明显。血液黏滞度也构成外周阻力的因素，当黏滞度增加（如动物脱水、大量出汗时），血液密度加大，与血管壁之间以及血液成分之间的相互摩擦阻力也加大，这些因素都使血流的外周阻力加大；在其他条件恒定时，外用阻力加大，可使动脉血压升高。

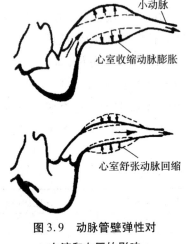

图3.9　动脉管壁弹性对
血流和血压的影响

③大动脉弹性。大动脉管壁弹性扩张主要是起缓冲血压的作用，使收缩压降低，舒张压升高，脉搏压减少。反之，当大动脉硬化，弹性降低，缓冲能力减弱时，则收缩压升高而舒张压降低，使脉搏压加大（见图3.9）。

④循环血量。循环血量增加可使血压升高，但主要使射血量增加，所以当其他因素不变时，也是以收缩压升高为显著。

以上在分析各种因素对血压影响时，都是在假定其他因素不变的情况下，某单个因素变化时对血压变化可能产生的影响。在整体情况下，只要有一个因素发生变化就会导致其他因素的变化，因此，血压的变化是各个因素相互作用的结果。在各种因素中，循环血量、动脉管壁弹性以及血液黏滞度等，在正常情况下基本无变化，对血压变化不起经常性的作用；而每搏输出量和外周阻力由于受心缩力和外周血管口径的直接影响，经常处于变化之中。因此，这两项因素是影响血压变□□□□□□因素。动物有机体就是通过神经和体液途径，调节心缩力量和血管□□□□□变化适应有机体不同状况下的需要。

在阻力性血管中，小动脉分支多，总长度大，□□□□□□力大，而且管壁又富含平滑肌，在神经和体液的调节下，可作迅速的收缩和舒张而改变口径；因此，小动脉在决定外周阻力大小变化中，起最重要的作用。

2）动脉脉搏

心室收缩时血液射进主动脉，主动脉内压骤增，使管壁扩张；心室舒张时，主动脉压下降,血管壁弹性回缩而复位。这种随着心脏节律性泵血活动,使主动脉管壁发生的扩张-回缩的振动,以弹性波形式沿血管壁传向外周,即形成动脉脉搏。脉搏波传导速度很快,要比血液流速快几十倍,因此,在远离心脏的体表动脉所触摸到的脉搏,即是此刻心脏活动的瞬间反映。

凡是能影响动脉血压的各种因素,都会影响动脉脉搏的特性。所以,检查脉搏的速度、幅度、硬度以及频率等,可以反映心脏的节律性、心缩力量和血管壁的机能状态等。

脉搏波传播至小动脉末端时,因沿途遇到阻力,波动逐渐消失。检查各种动物脉搏波的部位:牛在尾中动脉、颌外动脉、腋动脉或隐动脉;马在颌外动脉、尾中动脉或面横动脉;猪在桡动脉;猫和狗在股动脉或胫前动脉。

3.3.4　静脉血压和静脉血流

1)静脉血压与中心静脉压

血液通过毛细血管后,绝大部分能量都消耗于克服外周阻力,因而到了静脉系统后血压已所剩无几,微静脉血压降至约为 1.9 kPa。到腔静脉时血压更低,到右心房时血压已接近于零。

通常将右心房和胸腔内大静脉的血压,称为中心静脉压,正常值约为 0.4 ~ 1.2 kPa。中心静脉压的高低决定于心泵功能与静脉回心血量之间的相互关系。当心脏泵血功能较强,能将回心血液及时射入动脉时,中心静脉压就较低;当心泵功能较弱,不能及时射出回心血液时,中心静脉压就升高。中心静脉压可作为临床输血或输液时输入量和输入速度是否恰当的监测指标,在心功能较好时,如果中心静脉压迅速升高,可能是输入量过大或输入速度过快所致;反之,如果输血或输液之后中心静脉压仍然偏低,可能是血液容量不足。如果中心静脉压已高于 1.6 kPa 时,输血或输液应慎重。如图 3.10 所示,测定时先将三通阀门 A→B,使检压计充液,然后阀门调至 B→D,即可从 B 管液面高度读出中心静脉压数值。测定时注意应将三通阀门置于心脏同一水平位置(见图 3.10)。

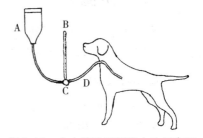

图 3.10　中心静脉压测定方法示意图

2)静脉脉搏

经由大静脉(如腔静脉、颈静脉等接近心脏的大静脉)不断流回心脏的血液,当心房收缩时回流受阻,静脉内压升高,静脉管壁受到压力而膨胀;当心房舒张时,滞留在静脉内的血液则快速流回心脏,静脉内压下降,管壁内陷。这样,随着心房舒缩活动引起大静脉管壁规律性的膨胀和塌陷,即形成静脉脉搏。此外,心室的舒缩活动也能间接影响静脉脉搏。

静脉脉搏波由 a,c,v 3 个波构成(见图 3.11)。a 波是由于心房收缩;c 波由于心室收缩,压力通过房室瓣传到心房和静脉;v 波是由静脉回流,心房逐渐胀大,使心房压

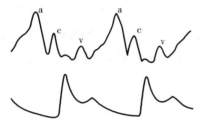

图3.11　动脉及静脉脉搏图

上：静脉脉搏曲线

下：动脉脉搏曲线

升高。

牛和马可在颈静脉沟处观察到颈静脉的搏动，尤其是牛更易看到。由于颈静脉脉搏能在一定程度上反映右心内压的变化，所以检查静脉脉搏具有临床意义。

3)静脉回流

单位时间内由静脉回流心脏的血量等于心输出量。静脉对血流阻力很小，由微静脉回流至右心房的过程中，血压仅下降约2.0 kPa。动物躺卧时，全身各大静脉均与心脏处于同一水平，靠静脉系统中各段压差就可以推动血液流回心脏。但在站立时，因受重力影响血液将积滞在心脏水平以下的腹腔和四肢的末梢静脉中，这时需借助外在因素的作用促使其回流。主要的外在因素是：

(1)骨骼肌的挤压作用　骨骼肌收缩时，对附近静脉起挤压作用，推动其中的血液推开静脉管内壁上的静脉瓣，朝心脏方向流动。静脉瓣游离缘只朝心脏方向开放，因此，肌肉舒张时，静脉血不至于倒流。

(2)胸膜负压的抽吸作用　呼吸运动时胸腔内压产生的负压变化，也是促进静脉回流的另一个重要因素。胸腔内的压力是负压(低于大气压)，吸气时更低，所以吸气时产生的负压可牵引胸腔内柔软而薄的大静脉管壁，使其被动扩张，静脉容积增大，内压下降，因而对静脉血回流起抽吸作用。此外，心舒期心房和心室内产生的较小的负压，对静脉回流也有一定的抽吸作用。

3.3.5　微循环

微循环是指微动脉和微静脉之间的血液循环。是血液循环最重要的功能之一，在于进行血液与组织液之间的物质交换，这一功能就是通过微循环而实现的。

1)微循环通路

各器官、组织的功能和结构不同，组成微循环的成分与结构也不同。典型的微循环成分包括：微动脉、后微动脉、毛细血管前括约肌、前毛细血管、真毛细血管网、动静脉吻合支和微静脉7个部分(见图3.12)。

微循环的血液可通过3条途径由微动脉流向微静脉。

(1)动-静脉短路　血液由微动脉经动-静脉吻合支，直接流回微静脉，没有物质交换功能，又称为非营养通路。在一般情况下，动-静脉短路处于关闭状态。它的开闭活动主要与体温调节有关。

(2)直捷通路　血液从后微动脉经过前毛细血管，直接进入微静脉。流速快，流程短，物质交换功能不大，是安静状态下大部分血液流经的通路。主要功能是使血液及时通过微循环系统，以免全部滞留于毛细血管网中，影响回心血量。

(3)营养通路　血液从微动脉经后微动脉、毛细血管前括约肌进入真毛细血管网，再汇入微静脉。真毛细血管网管壁薄,经路迂回曲折,血流缓慢,与组织接触面广,是完成血液与组织液间的物质交换功能的主要场所。

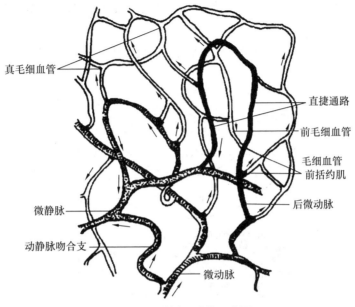

图 3.12　微循环结构示意图

2) 微循环的调节

微循环系统中仅微动脉分布有少量神经,其余成分并不直接受控于神经系统。尤其是决定营养通路血流量的后微动脉和毛细血管前括约肌的舒缩活动,只受体液中血管活性物质的调节。因此,微循环的调节主要是通过体液性的局部自身调节来实现。

体液中的缩血管物质(如去甲肾上腺素、血管加压素等)控制毛细血管前阻力血管(主要指微动脉、后微动脉和毛细血管前括约肌),使其收缩。当收缩导致毛细血管灌注不良时,局部代谢产物堆积,从而产生舒血管物质(如组胺、缓激肽、乳酸等),引起血管平滑肌松弛,微循环恢复灌注,将代谢产物移去。继之,血管平滑肌又处于缩血管物质控制之下。这样,在体液中血管活性物质的影响下,毛细血管舒缩活动交替进行,微循环血流量像潮起潮落涌动,及时地分配血量,以适应组织代谢的需要。

3.3.6　组织液和淋巴液

组织液分布在细胞的间隙内,又称为组织间隙液,是血液与组织细胞间物质交换的媒介。组织液绝大部分呈胶冻状,不能自由流动,胶冻的基质主要是胶原纤维和透明质酸细丝,这些成分并不妨碍水及其溶质的扩散运动。

1) 组织液的生成与回流

组织液是血浆通过毛细血管管壁的滤出而形成的(见图 3.13)。组织液形成后又被毛细血管壁重吸收回到血液中去,保持组织液量的动态平衡。组织液生成和重吸收,决定于以下 4 种因素:①毛细血管血压;②血浆胶体渗透压(简称血浆胶压);③组织液静水

压;④组织液胶体渗透压(简称组织液胶压)。其中,①和④是促进滤过,即有利于生成组织液的因素;而②和③是阻止滤过,即有利于组织液重吸收的因素。可见,组织液的生成是这4种因素相互作用的结果。滤过因素与重吸收因素之差,称为有效滤过压。可以表达为:

生成组织液的有效滤过压=(毛细血管血压+组织液胶压)-(组织液静水压+血浆胶压)

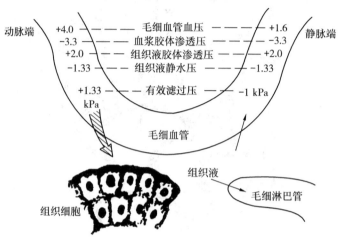

图 3.13 组织液生成与回流示意图

如图 3.13 所示,血浆胶压约为 3.3 kPa,毛细血管动脉端血压平均约 4.0 kPa,毛细血管静脉端血压约为 1.6 kPa,组织液静水压和胶压分别约为 1.33 kPa 和 2.0 kPa。将这些数值代入上式:

毛细血管动脉端有效滤过压=(4.0+2.0)-(3.3+1.37)=1.33 kPa。

毛细血管静脉端有效滤过压=(1.6+2.0)-(3.3+1.33)=-1.03 kPa。

由计算结果可以推断,在毛细血管动脉端有液体滤出,形成组织液;在毛细血管静脉端组织液被重吸收,即约有 90% 滤出的组织液又重新流回血液。

2)影响组织液生成的因素

正常情况下,组织液生成和重吸收,保持着动态平衡,使血容量和组织液量能维持相对稳定。一旦与有效滤过压有关的因素改变和毛细血管通透性发生变化,将直接影响组织液的生成。

(1)毛细血管压 毛细血管血压升高,组织液生成增加(如肌肉运动或炎症的局部,都有这类情况);静脉压升高时,也可使组织液生成增加。

(2)血浆胶体渗透压 当血浆蛋白生成减少(如慢性消耗疾病、肝病等)或蛋白排出增加(如肾病时),均可导致血浆蛋白减少,因而使血浆胶压下降,从而使组织液生成增加,甚至发生水肿。

(3)淋巴回流 由于一部分组织液经由淋巴管系统流回血液,当淋巴回流受阻(丝虫病、肿瘤压迫等)时,可导致局部水肿。

(4)毛细血管通透性 如烧伤、过敏反应等,可使毛细血管通透性增大,血浆蛋白可能漏出,使血浆胶压下降,组织液胶压上升,有效滤过压加大。

3）淋巴液及其回流

组织液约 90% 在毛细血管静脉端回流入血,其余 10% 则进入毛细淋巴管,即成为淋巴液。

毛细淋巴管逐级汇集成小淋巴管和大的淋巴管,在大、小淋巴管中都有瓣膜;瓣膜的作用是控制淋巴液作单向流动,即只能由外周向心脏方向流动。淋巴管壁平滑肌收缩活动(在淋巴管瓣膜配合下),起淋巴管泵的作用,使淋巴液沿着淋巴管系统,向心脏回流。此外,骨骼肌收缩活动、邻近动脉的搏动等,均可推动淋巴液回流。

淋巴液回流具有重要的生理意义。首先可以回收蛋白,因为血浆蛋白质经毛细血管内皮细胞的"胞吐"作用转运到组织液后,不能由毛细血管壁重吸收,但能较容易地进入淋巴系统,回流血液。其次,淋巴液回流可以协助消化管吸收营养物,如大部分脂类就是经淋巴途径吸收的。此外,淋巴液回流对调节体液平衡、清除组织中的异物等方面,也有重要的作用。

3.4　心血管活动的调节

循环系统的适应性活动,在于及时而适当地供给血流量,以满足各组织和器官的代谢需要。有机体的神经和体液对心脏和各部分血管的活动进行调节,以适应各器官、组织在不同状态下对血流量的需要,协调各器官之间的血量分配。

3.4.1　神经调节

心肌和血管平滑肌受植物性神经系统双重支配。

1）心脏和血管的神经支配

(1)支配心脏的传出神经(见图 3.14)

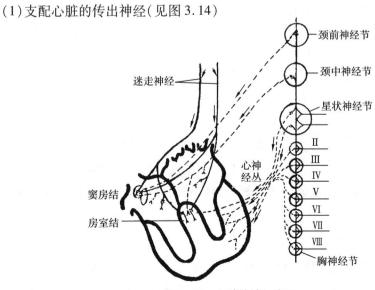

图 3.14　心脏的神经支配

①心交感神经。支配心脏的交感神经来自脊髓胸腰段 1～6 节脊髓灰质侧角,在颈前、颈中和星状神经节更换神经元,节后纤维在心脏附近形成心脏神经丛,进入心脏后右侧主要支配窦房结、房室前壁;左侧主要支配房室交界、房室束和房、室的后壁。心交感神经节前神经元,属胆碱能纤维,末梢分泌的递质是乙酰胆碱,作用于节后神经元细胞膜上的 N 型受体,引起节后神经元兴奋。节后神经元属肾上腺素能纤维,末梢释放的递质去甲肾上腺素,与心肌细胞膜上的 β_1 受体结合,促使 ATP 变成 cAMP,后者可促进糖原分解,提供心肌活动的能量。心交感神经兴奋,可使心率加快(正性变时作用),房室交界和房室束传导加快(正性传导作用)和心室肌收缩加强(正性变力作用),使搏出量增加。心交感神经对心肌的这种兴奋作用,可被 β 受体颉颃剂(如心得安等药物)所阻断。

②心迷走神经。支配心脏的心迷走神经节前神经元的细胞体位于延髓中的疑核,节前纤维混行于颈部迷走交感神经干中。进入心脏后终止于心壁上的节后神经元,与之发生突触联系,节后纤维分布到窦房结、房室交界、房室束和心房肌,心室肌也有少量迷走神经分布。心迷走神经节前和节后纤维末梢的递质都是乙酰胆碱,它与心肌细胞膜上的 M 型受体相结合,可使心率变慢(负性变时作用)、房室交界传导减慢(负性变传导作用)和心肌收缩减弱(负性变力作用)。心迷走神经的这些生理效应,可被 M 型受体阻断剂(如阿托品等)所阻断。

近年来用细胞免疫化学方法证实,动物心脏除了接受心交感神经和心迷走神经支配外,还存在有肽能神经元,其末梢释放神经肽、血管活性肠肽、阵钙素基因相关肽以及阿片肽等肽类物质。已知血管活性肠肽对心肌有正性变力作用,降钙素相关基因肽有正性变时作用。

(2)支配血管的传出神经　血管系统中,真毛细血管除外,所有血管壁均有平滑肌。血管平滑肌受植物性神经支配,能引起血管平滑肌收缩和舒张的神经纤维,分别称为缩血管神经纤维和舒血管神经纤维。

①缩血管纤维。除了脑血管和心脏的冠状血管以外,其余血管均由缩血管纤维支配。缩血管纤维均来源于交感神经,其节后纤维末梢释放去甲肾上腺素,作用于血管平滑肌 α 型受体,引起缩血管作用。

②舒血管纤维。舒血管纤维来源很多,主要有:

交感舒血管纤维:节后纤维仅支配骨骼肌血管。其末梢释放乙酰胆碱,通过平滑肌 M 受体起舒张血管效应。

副交感舒血管纤维:分别来源于面神经(支配脑血管、唾液腺血管)、迷走神经(支配肝、胃肠及冠状血管)和盆神经(支配盆腔及外生殖器血管),末梢递质是乙酰胆碱,产生血管舒张效应。此外,支配皮肤血管的背根纤维的外周分支和支配汗腺的肽能神经,也同时具有舒血管效应。

2)心血管调节中枢

心血管调节中枢指参与心血管反射调节活动有关的中枢结构,是一个分布广泛(由脊髓到皮层)、作用遍及全身的中枢整合系统。但就某些具体指标而言(如血管的舒缩、心率快慢、心缩力量强弱等),最基本的是指延髓的心、血管运动中枢。

(1)延髓心血管中枢　心血管中枢的基本部位在延髓腹侧部,根据该部位不同区域施加电刺激产生的血压升降效应,可划分为"升压区"和"降压区",前者指延髓网状结构的背外侧部分,后者指其腹内侧部分。两者合称为血管运动中枢。在升压区内还包括控制心交感神经活动的神经元,所以又被称为"心加速中枢"和"缩血管中枢"。在降压区内还存在"心抑制中枢",但并不存在专门的舒血管中枢。

在正常时,心抑制中枢占优势,不断发出冲动通过迷走神经传到心脏,使心跳减慢减弱,不使血压过高,这一现象称为"迷走紧张"。在血管方面,则"缩血管中枢"占优势,发放冲动,使肌肉、皮肤和内脏血管处于微弱而持久的收缩状态,维持正常的血压。

(2)延髓以上心血管中枢　在延髓以上各神经中枢部位都含有与心血管活动有关的神经元,其中尤以下丘脑和大脑皮层最为重要。

3)心血管反射

神经系统对心血管活动的调节,是通过各种心血管反射活动实现的。机体内、外环境各种变化,被各种感受器所感受并经过不同途径传入各级心血管调节中枢,反射性地引起心血管反射,保持内环境稳定。主要的心血管反射有压力感受性反射和化学感受性反射等。

(1)降压反射　降压反射是指动脉管上的压力感受器受到血压对动脉管壁的扩张刺激,所引起的心血管活动变化。一般是当动脉压升高时反射性地引起心率减慢,血压降低。

①阵压反射的反射弧组成。感受器位于颈内与颈外动脉分叉处的颈动脉窦以及主动脉弓(见图3.15)。在血管外膜下的感觉神经末梢,能感受血压升高对动脉管壁扩张的刺激。传入神经为窦神经和主动脉神经,分别混入舌咽神经和迷走神经传入延髓心血管中枢。传出神经为心迷走神经、心交感神经以及支配血管的神经。

②降压反射效应。主要通过以下几方面产生血压降低效应:心率减慢、延缓兴奋的传导、减弱心肌收缩力、搏出量减少、全身微动脉扩张和体循环静脉扩张。当血压降低时,则引起相反的效应,使血压回升。

(2)化学感受器反射　在颈动脉窦和主动脉弓区域存在有化学感受器,分别称颈动脉体和主动脉体。它们对血液中氧和二氧化碳浓度很敏感。当缺氧和二氧化碳过多时,刺激化学感受器,兴奋由窦神经和主动脉神经传入延髓心血管中枢,使升压区兴奋,产生升压效应。

在正常情况下,化学感受器对日常血压调节不起重要作用,仅在低氧、窒息和酸中毒时才起调节性用。

(3)其他感受器反射　全身许多感受器的传入冲动,都可以反射性地影响心血管活动。例如疼痛刺激能反射性引起心率加快、血管收缩,使血压上升;寒冷刺激反射性地使皮下血管收缩;炎热刺激则相反,使皮下血管舒张;运动时肌肉和关节等处的本体感受器传入冲动,也可使心率加快,内脏血管收缩,血压升高。

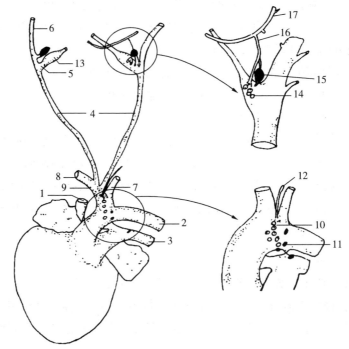

图 3.15　颈动脉窦区与主动脉弓区的压力感受器与化学感受器

1—腔静脉　2—主动脉　3—肺动脉　4—颈总动脉　5—颈内动脉　6—颈外动脉

7,8—左(右)锁骨下动脉　9—臂头动脉　10—压力感受器　11—主动脉体　12—主动脉神经

13—颈动脉窦　14—压力感受器　15—颈动脉体　16—窦神经　17—舌咽神经

3.4.2　体液调节

体液调节是指血液和组织液中含有的某些化学物质对心、血管活动的调节作用。这类化学物质中有些是内分泌的激素,通过血液输往全身起作用;有些是在组织中形成的,在局部起作用。

1)全身性体液调节

(1)肾上腺素和去甲肾上腺素　血液中的肾上腺素和去甲肾上腺素主要来自肾上腺髓质分泌,少量是由交感神经末梢所释放。因两者在化学结上都具有儿茶酚胺的结构,所以统称为儿茶酚胺类激素。

肾上腺素和去甲肾上腺素对心、血管的作用有许多共同之处,但由于和不同受体结合的能力不同,所以作用又有所差异。去甲肾上腺素主要与 α 受体结合,对 β 受体作用很小。肾上腺素既能与 α 受体结合又能与 β 受体结合,但与 α 受体结合的能力较弱。

对心脏的作用:肾上腺素和去甲肾上腺素都能与心肌细胞 β 受体结合,起正性变时和正性变力作用,使心输出量增加。但肾上腺素的强心作用强于去甲肾上腺素。

对血管的作用:去甲肾上腺素主要与 α 受体结合,因而对体内大多数器官均具有显著的缩血管作用,使外周阻为增大。肾上腺素对血管的作用,取决于血管平滑肌中受体种类的分布。对 α 受体分布占优势的血管,如皮肤、肾及胃肠等器官的血管,肾上腺素可产生缩血管效应。对β受体占优势的血管,如骨骼肌、肝血管以及较小的冠状血管等,肾上腺素则引起舒血管效应,所以对外周阻力影响不大,只当使用较大剂量时,对血管的收缩作用增大,外周阻力才有所增加。由于上述原因,临床上常用肾上腺素作为强心剂,而去甲肾上腺素则常用作血管收缩剂。

(2)血管紧张素　血管紧张素是一组多肽类物质,它的产生经历一系列复杂过程。当循环血量减少,动脉血压下降,使肾血流量减少时,可刺激肾脏产生并释放一种酶,称为肾素。在肾素和其他相应酶的作用下,可将血浆中无活性的血管紧张素原相继转变成为有活性的血管紧张素Ⅰ,Ⅱ,Ⅲ。

血管紧张素的功能:血管紧张素Ⅰ可刺激肾上腺髓质释放肾上腺素和去甲肾上腺素。后二者作用于心脏和血管,使血压上升。血管紧张素Ⅱ升高血压的作用比肾上腺素约强40倍,它的升压效应是通过如下几方面实现的:直接使血管平滑肌收缩;促进肾上腺皮质释放醛固酮,后者起保钠保水作用,增相血容量;直接作用于交感缩血管中枢,加强其紧张性,使外周阻力加大;与交感神经末梢受体结合,促进肾上腺素的释放。血管紧张素Ⅲ也有促进醛固酮的分泌作用,但作用弱于血管紧张素Ⅱ。

(3)加压素　加压素由下丘脑视上核和室旁核神经元分泌的一种肽类激素,作用于血管平滑肌。除了脑动脉以外,对其他血管均有强烈的收缩效应。但在正常下,加压素并不参与血压调节,仅在交感神经及肾素-血管紧张素系统活动障碍时,才发挥调节血压的作用。

2)局部性体液调节

在组织缺氧或损伤时产生的某些化学物质,能引起局部血管活动发生变化,主要是产生舒血管效应。

(1)组织胺　存在于疏松结缔组织中的肥大细胞,在损伤、缺氧或变态反应时,可释放出组织胺,它使局部毛细血管高度扩张,通透性增大,从而引起局部渗出、水肿。

(2)激肽　也是一类舒血管多肽类物质,最常见的有舒缓激肽和血管扩张肽。血浆和某些腺体(汗腺、唾腺)细胞中存在的激肽释放酶被激活后,使血液中的一种α_2球蛋白激肽原转变为血管舒张素,后者再脱去一个氨基酸即为舒缓激肽。这些激肽有强烈的舒血管作用,增加毛细血管的通透性,并能增加腺体的血流量,为腺细胞加强分泌提供丰富的代谢原料。

(3)前列腺素　是一组活性强、类别多、功能复杂的脂肪酸衍生物,几乎存在于全身所有组织中,可使局部血管舒张,调节局部血流量。前列腺素E_2和I_2可与激肽共同作用,对抗血管紧张素Ⅱ和儿茶酚胺的升压作用,以稳定动脉血压。

(4)心钠素(心房钠尿肽)　是由心房肌细胞合成和释放的一类多肽,有强烈的利尿、排钠作用,并使血管平滑肌舒张而起降压作用。心钠素还具有对抗肾素-血管紧张素-醛固酮系统和抑制加压素生成和释放的作用。血容量增加时,心钠素增多,通过利尿、排钠途径,调节水盐平衡,减少血容量。

复习思考题

1. 简述心音的产生及不同心音特征。
2. 什么是心力贮备？心力贮备有何意义？
3. 什么是动脉血压？影响动脉血压的因素有哪些？
4. 简述血管的种类及功能。
5. 简述组织液的生成及影响因素。

第4章 呼吸生理

本章导读：了解呼吸过程和呼吸器官、肺通气原理、呼吸的调节；熟悉呼吸频率和呼吸音、胸内压的形成、气体交换与气体运输过程；掌握动物呼吸频率测定及呼吸音的听取、胸内压测定。

动物不断地进行着生命活动，各种生命活动需要的能量是由细胞通过呼吸作用，氧化以葡萄糖为代表的糖类而获得的。动物体内氧的储存量有限，仅够若干分钟的消耗，而产生的二氧化碳若积累过多将破坏有机体内环境的酸碱平衡。因此，只有不间断地由外界吸入氧气，并呼出二氧化碳，新陈代谢才能正常进行。

呼吸是机体在新陈代谢过程中和外界环境之间吸收氧及排出二氧化碳的全部化学和物理过程。呼吸一旦停止，生命也就随之结束。

4.1 呼吸过程和呼吸器官

4.1.1 呼吸的全过程

呼吸的整个过程包括3个相互联系的环节。

1）外呼吸或肺呼吸

外呼吸包括肺通气和肺换气。肺通气是指外界气体与肺泡内气体的交换过程；肺换气是指肺泡气与肺泡壁毛细血管内血液间的气体交换过程。

2）气体运输

气体运输是指机体通过血液循环把肺摄取的氧运送到组织细胞，又把组织细胞产生的二氧化碳运送到肺的过程。

3）内呼吸或组织呼吸

内呼吸是指血液与组织细胞间的气体交换，它包括组织细胞消耗 O_2 和产生 CO_2 的过程。可见呼吸过程不单靠呼吸系统来完成，还需要血液和血液循环系统的配合（见图4.1）。

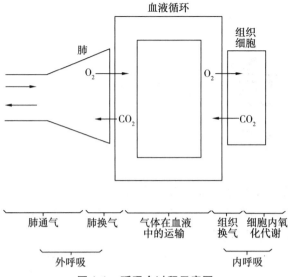

图 4.1　呼吸全过程示意图

4.1.2　呼吸器官及其功能

1)肺通气的结构基础

呼吸道是气体进出肺的通道,位于胸腔外的鼻、咽、气管称为上呼吸道,位于胸腔内的气管、支气管及其在肺内的分支称为下呼吸道。实现肺通气的结构包括呼吸道(进出通道)、肺泡(交换场所)、胸廓(节律性运动的动力)和胸膜腔等。

呼吸道虽然不具有气体交换功能,但呼吸道黏膜和管壁平滑肌具有保护和调节呼吸道阻力等的作用。

(1)呼吸道的黏膜　呼吸道黏膜上布满毛细血管,尤其是鼻咽部具有丰富的毛细血管网,能分泌黏液,可对吸入的外界空气进行加温和湿润,对吸入气中的尘粒等异物有黏着作用,通过黏膜上的纤毛运动将异物推近至咽喉部,继之被咳出或被吞咽,从而保证洁净的气体入肺。呼吸道黏膜上含有各种感受器,可以感受有刺激性或有害气体和异物的刺激,并引起咳嗽、喷嚏等保护性反射加以排除。更细微的异物颗粒或细菌有可能少量进入呼吸性细支气管、肺泡管,甚至肺泡,但这些部位的巨噬细胞可以将其吞噬。此外,黏膜分泌物中还含有免疫球蛋白,起防止感染和维持黏膜完整性的作用。

(2)呼吸道平滑肌　从气管到终末细支气管均有平滑肌组织,它们接受植物性神经支配。迷走神经通过 M 型胆碱能受体引起平滑肌收缩;交感神经通过 β_2 型肾上腺能受体起平滑肌舒张。一些体液因素(组织胺、5-羟色胺、缓激肽和前列腺素等)可引起呼道平滑肌的舒缩活动,而参与呼吸道气流阻力的调节。

2)肺泡

每个细支气管的末端为无数呈泡状并充满空气的空腔,犹如一串葡萄,称为肺泡。

肺内支气管分支呈树状,称支气管树,呼吸性细支气管相连肺泡管,肺泡囊和肺泡构成一个"呼吸单位"(肺单位)(见图4.2)。肺泡为半球状囊泡,大小不等,数量甚多(数亿个),总面积巨大(马为500 m²)。肺泡壁的上皮细胞可以分为两种,大多数为扁平上皮细胞,少数为分泌上皮细胞。肺泡壁极薄($0.2 \sim 1$ μm),由单层上皮细胞构成,通透性很强;肺泡内的氧气极易通过肺泡壁进入毛细血管的血液中,而血液中的二氧化碳易通过肺泡壁进入肺泡内。

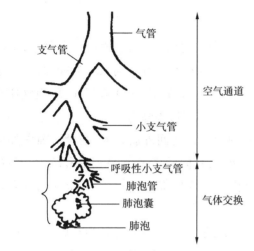

图4.2　呼吸单位结构模式图

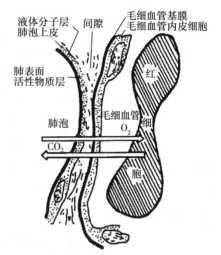

图4.3　呼吸膜结构示意图

(1)呼吸膜　在电子显微镜下,呼吸膜含有6层结构,6层结构的总厚度仅为$0.2 \sim 1$ μm,通透性大,气体容易扩散通过。

①肺表面活性物质。

②液体分子。

③肺泡上皮细胞。

④间隙(弹力纤维和胶原纤维)。

⑤毛细血管基膜。

⑥毛细血管内皮细胞(见图4.3)。

(2)肺表面张力　在正常情况下,肺泡上皮内表面分布有极薄的液体层,它与肺泡形成气-液表面。

(3)肺泡表面活性物质　是由肺泡Ⅱ型细胞分泌的一种复杂的脂蛋白,其主要功能如下:

①降低肺泡的表面张力。

②维持肺泡内压的相对稳定。

③阻止肺泡积液。

4.2 肺通气原理

4.2.1 呼吸运动

呼吸肌收缩、舒张所造成的胸廓的扩大和缩小,称为呼吸运动。

1)肺通气的动力

气体进出肺是由于大气和肺泡气之间存在压力差的缘故。在自然呼吸条件下,肺内压是由于肺的张缩所引起的肺容积的变化,可是肺本身不具有主动张缩的能力,它的张缩由胸廓的扩大和缩小所引起。肺回缩时,肺容积减小,肺内压大于大气压,肺内气体排出体外;肺扩张时,肺容积增大,肺内压低于大气压,空气进入肺内。

(1)吸气运动　吸气总是主动过程。平静呼吸时,肋间外肌收缩,肋骨向前向外移动,胸廓的上下左右径增大(1~2 cm);膈肌收缩时,膈向后移动,胸廓前后径增大。胸腔容积增大肺被动牵引而扩张,肺容积增大,肺内压下降低于大气压,空气乘虚而进入肺内,引起吸气。

(2)呼气运动　平静呼吸时,吸气终末,肋间外肌和膈肌由收缩转为舒张,肋和膈回位,胸腔容积减小,肺失去牵引力由自身的弹性和表面张力而回缩,肺容积减小,肺内压升高,高于大气压时,肺内气体压出体外,引起呼气。呼气运动是被动的。深呼气时呼气肌(肋间内肌、腹壁肌)收缩,牵拉肋骨内收。

2)呼吸型及呼吸频率

(1)呼吸型　根据呼吸运动中呼吸肌活动情形和胸腹部起伏变化的程度,哺乳动物呼吸型有三种类型:

①胸式呼吸。吸气时以肋间外肌收缩为主,胸壁起伏明显。

②腹式呼吸。吸气时以隔肌收缩为主,腹部起伏明显。

③胸腹式呼吸(混合式呼吸)。吸气时肋间外肌与膈肌都参与,胸壁和腹壁的运动都比较明显。

(2)呼吸频率　动物每分钟内呼吸的次数为呼吸频率(表4.1)。呼吸频率因动物种类不同外,还受年龄、外界温度、生理状况、海拔高度,使役以及疾病等因素的影响。如幼年动物呼吸频率比成年的略高;在气温高、寒冷、高海拔、使役等条件下,呼吸频率也会增高;乳牛在高产乳期呼吸频率高于平时。

表4.1　各种动物的呼吸频率

动物	频率/(次·min⁻¹)	动物	频率/(次·min⁻¹)
乳牛	18~28	猪	15~24
黄牛	10~30	马、驴、骡	8~16

续表

动　物	频率/(次·min^{-1})	动　物	频率/(次·min^{-1})
水牛	9~18	犬	10~30
牦牛	14~48	猫	50~60
绵羊	12~24	兔	50~60
山羊	10~20	骆驼	5~12

3)呼吸音

呼吸运动时,气体通过呼吸道及出入肺泡时,与其摩擦产生的声音叫做呼吸音。临床工作中对喉音、气管音和肺泡音等均有具体描述。肺泡呼吸音类似于"V"的延长音,正常肺泡呼吸音在吸气时能够较清楚地听到;支气管呼吸音类似于"Ch"的延长音,在喉头和气管常可听到(在呼气时能听到较清楚的支气管音),小动物和很瘦的大动物亦可在肺的前部听到;健康动物的肺部一般只能听到肺泡呼吸音。

4.2.2　呼吸中胸膜腔内压的变化

1)肺内压

肺内压是指存在于肺内气道和肺泡内的压力。肺泡通过呼吸道与大气相沟通,因此在没有呼吸运动时肺内压与大气压相等,压力差为零(压力差=肺内压−大气压),无气体流动。在吸气过程中吸气肌收缩,胸廓扩张,肺跟随着扩张。气体之所以能被吸入或被呼出,是因为在呼吸过程中形成了肺内压与大气压之间的压力差。

2)胸膜腔和胸膜腔内压

在肺的表面及胸廓内侧面两部分胸膜之间的空间称为胸膜腔(见图4.4)。胸膜腔中仅有少许浆液,起润滑作用;呼吸过程中两层胸膜可以相互滑动,就如同两片用水黏起来的玻璃。肺的自然容积(离体容积)远小于胸廓的自然容积,在肺泡表面张力和肺弹性组织回缩力的作用下,生理状态下的肺总是倾向于回缩。然而胸廓是硬性结构,不会跟随

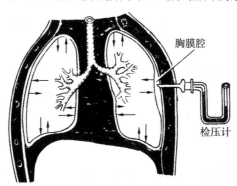

图4.4　胸膜腔结构示意图

肺回缩,因此造成了胸膜腔内压低于大气压(负压)的情况。可见胸膜腔内负压的大小与肺回缩力成正比。吸气时肺被扩张,肺回缩力增大,胸膜腔内压力降低(负值增大);呼气时肺回缩,但回缩不到离体自然容积,胸膜腔内压力仍然低于大气压。因此,胸膜腔内的压力是上述两种方向相反的力的代数和,即:

$$胸内压=肺内压-肺回缩力$$

在吸气之末和呼气之末,肺内压等于大气压,因此:

$$胸内压=大气压-肺回缩力$$

如以一个大气压作为生理零位标准,则:

$$胸内压=-肺回缩力$$

胸膜腔内压负压的生理意义:

(1)保持肺处于扩张状态,并使肺跟随胸廓的运动而胀缩　由于胸膜腔与大气隔绝,处于密闭状态,因而对肺有牵拉作用,使肺泡保持充盈气体的膨隆状态,能持续地与周围血液进行气体交换,不至于在呼气之末肺泡塌闭无气体而中断气体交换。

(2)促进血液及淋巴液的回流　胸膜腔内负压作用于胸腔内静脉血管、淋巴管,使其扩张;胸膜腔内负压具有"抽吸"作用,促进血液、淋巴液向心脏方向流动。胸内负压还可使胸部食管扩张,食管内压下降,因此在呕吐和反刍逆呕时,均表现出强烈的吸气动作。

胸膜腔封闭性被破坏,气体进入胸膜腔,这种状态称为气胸。外伤导致胸壁破损,胸膜腔与大气直接接通,称为开放性气胸。

4.2.3　肺通气的阻力

肺通气的阻力分为弹性阻力和非弹性阻力。弹性阻力来自于肺和胸廓的回位力,占70%;非弹性阻力来自于气道阻力、惯性阻力和组织的黏滞阻力,占30%。

4.2.4　肺总量和肺通气量

1)肺总量

肺总量是指肺可容纳气体的量,肺总量由肺活量和余气量组成。

(1)肺活量　用力吸气后再用力呼气,所能呼出的气体量。它反映了一次通气时的最大能力,在一定程度上可作为肺通气机能的指标。

(2)余气量或残气量　最大呼气末尚存留于肺中不能呼出的气量。

(3)肺总量　能容纳的最大气量。即肺活量与余气量之和。

2)肺通气量

(1)每分通气量　每分通气量是指每分钟进或出肺的气体总量。

每分钟肺能够吸入或呼出的最大气体量,称为肺的最大通气量。健康动物的最大通气量可比平和呼吸时的每分通气量大10倍多。肺的最大通气量反映了肺在每分钟的最大通气能力,它是比肺活量更能客观地反映肺通气机能的指标之一。

(2)肺泡通气量 每次吸入的气体,一部分停留在呼吸性细支气管以上部位的呼吸道内,这部分气体不能参与肺泡间的气体交换,称为解剖无效腔或死腔。进入肺泡内的气体,也可能由于血液在肺内分布不均而未能与血液进行气体交换,未能发生气体交换的这部分肺泡容量称肺泡无效腔。肺泡无效腔与解剖无效腔一起合称为生理无效腔。健康动物的肺泡无效腔接近于零,因此,生理无效腔几乎与解剖无效腔相等。由于无效腔的存在,每次吸入的新鲜空气,一部分停留在无效腔内,另一部分进入肺泡。可见肺泡通气量才是真正的有效通气量。

4.3 气体交换与运输

在呼吸过程中气体交换发生在两个部位:一是肺与血液间的气体交换,称肺换气;二是组织与血液间的气体交换,称组织换气。经肺换气与组织换气进入血液中的 O_2 与 CO_2,经血液循环分别运送到组织和肺,这就是气体交换与运输。

4.3.1 气体交换

1)气体交换原理

气体分子不停地进行着无定向的运动,其结果是气体分子从高分压向低分压扩散,使各处分压趋于相等。单位时间内气体扩散的容积为气体扩散速率。

2)肺和组织内的气体交换

(1)肺换气气体总是由分压高的一侧透过呼吸膜向分压低的另一侧扩散。因此,肺泡气中的 O_2 透过呼吸膜扩散进入毛细血管内,而血中的 CO_2 透过呼吸膜扩散进入肺泡内。

(2)组织换气依据气体由高分压向低分压扩散的规律,组织中的 CO_2 进入血液,而血液中的 O_2 进入组织。毛细血管中的动脉血,边流动边进行气体交换,逐渐变成静脉血。

3)气体在机体不同部位的分压

气体分压 = 总压力 × 该气体的容积百分比。

4)气体在肺的交换

(1)气体交换过程

细胞膜、毛细血管壁等构成的呼吸膜,是气体分子可以透过的薄膜,当膜两侧各种气体存在分压差时,气体分子即可按扩散规律运动,实现气体交换(见图4.5)。其主要结果是肺毛细血管血液发生了气体成分的改变,即血液中 O_2 得以补充, CO_2 得以排出。肺泡气、血液和组织内 O_2 或 CO_2 的分压(见表4.2)。

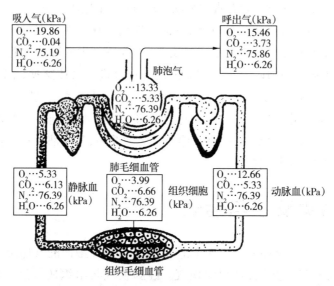

图 4.5　气体交换示意图

表 4.2　肺泡气、血液和组织内 O_2 或 CO_2 的分压

分　压	肺泡气/kPa	静脉血/kPa	动脉血/kPa	组织液/kPa
氧分压(P_{O_2})	13.6	5.33	13.3	3.99
二氧化碳分压(P_{CO_2})	5.33	6.13	5.33	6.66

（2）影响肺部气体交换的因素

除气体扩散速度和扩散系数的影响外,扩散距离和扩散面积以及肺部气体交换的其他因素(通气/血流比值)影响也较大。

①呼吸膜的厚度。呼吸膜(肺泡-毛细血管膜)由六层结构组成,总厚度 $0.2 \sim 1~\mu m$,血液层很薄,红细胞膜通常能接触到毛细血管壁,扩散距离短,交换速度快,气体易于扩散通过。肺纤维化、肺水肿等,呼吸膜厚度增大,出现低氧血症。

②呼吸膜的面积。平静呼吸时,参与换气活动的肺泡约占总肺泡量的55%,剧烈运动时有更多储备状态的肺泡参与换气活动,增加了肺泡换气面积。病理情况下,如肺不张、肺水肿、肺毛细血管闭塞等,呼吸膜换气面积大为缩小,气体扩散速率随之也降低。

③通气/血流比值。通气/血流比值是指每分钟肺泡通气量(VA)和每分钟血流量(Q)之比值。在正常情况下,VA/Q 的值约为 4.2/5,如果比值增大,则表明部分肺泡不能与血液中气体充分交换,即增大了肺泡无效腔;比值减小,则表明通气不良,血流过剩,部分血液流经通气不良的肺泡,动物在运动或使役时,随着肺通气量增加,肺的血流量也加大,因而能保持较高的换气效率。

5)影响组织换气的因素

影响血液与组织液之间气体交换的因素和影响肺换气的因素相同外,还受组织细胞代谢水平和组织血流量的影响。当血流量不变时,代谢增强,耗氧量大,组织液中的 P_{CO_2},可高达 6.66 kPa 以上,P_{O_2} 可降至 4 kPa 以下。反之,如果代谢强度不变,血流量加大时,则 P_{O_2} 升高,P_{CO_2} 降低。这些气体分压的变化将直接影响气体扩散速率和组织换气功能。

4.3.2　气体运输

1)氧和二氧化碳在血液中存在的形式

O_2 与 CO_2 都以物理溶解和化学结合两种形式存在于血液中,但以溶解形式存在的极少,绝大部分呈化学结合形式。体内血液中的 O_2 和 CO_2 的物理溶解和化学结合状态时刻保持着动态平衡。在肺或组织进行气体交换时,进入血液中的 O_2 和 CO_2 都是先溶解,提高分压后再结合。O_2 和 CO_2 从血液释放时,也是溶解的先逸出,分压下降,结合的再分离出来补充所失去的溶解的气体。

2)氧的运输

血液总 O_2 含量中物理溶解约占 1.5%,结合的占 98.5% 左右。O_2 的结合形式是氧合血红蛋白(HbO_2)。血红蛋白(Hb)是红细胞内的蛋白质,它的分子结构特征使之成为极好的运氧工具。Hb 还参与 CO_2 的运输,所以在血液气体运输方面 Hb 占有极为重要的地位,血液携氧能力比同质量同状态的水大 60 倍。

(1)Hb 与 O_2 的结合有下列特征:

①反应快、可逆、不需酶催化。P_{O_2} 高时(肺部),Hb 与 O_2 结合形成氧合血红蛋白(HbO_2);P_{O_2} 降低时(组织中),氧合血红蛋白迅速解离,释放 O_2。

②Hb 与 O_2 结合,其中铁仍为二价,所以该反应不是氧化而是氧合。

③只有在血红素的 Fe^{2+} 和珠蛋白的链结合的情况下,才具有运输 O_2 机能,单独的血红素不是有效的氧载体。

④1 分子血红蛋白可与 4 分子 O_2 结合。

100 mL 血液中 Hb 所能结合的最大氧量称 Hb 氧容量(血氧容量)。Hb 实际结合的 O_2 量称 Hb 的氧含量(血氧含量)。Hb 氧含量与氧容量的百分比为 Hb 氧饱和度。HbO_2 呈鲜红色,去氧 Hb 呈紫蓝色,当体表浅毛细血管床血液中去氧 Hb 含量达 5 g/(100 mL 血液)以上时,皮肤黏膜呈浅蓝色,称为紫绀(稍微带红的黑色)。

(2)氧分压与氧离曲线　氧离曲线或氧合血红蛋白解离曲线是表示 P_{O_2} 与 Hb 氧饱和度的关系曲线。该曲线即表示不同 P_{O_2} 下,O_2 与 Hb 解离情况,同样也反映了不同 P_{O_2} 时 O_2 与 Hb 的结合情况。氧离曲线呈"S"形(见图 4.6)。

①氧离曲线上段。相当于 P_{O_2} 值 8 ~ 13.33 kPa(60 ~ 100 mmHg)范围,这段曲线较平坦,表明 P_{O_2} 的变化对 Hb 氧饱和度影响不大,Hb 氧饱和度在 90% 以上。在这个范畴内,即使 P_{O_2} 有所下降,只要 P_{O_2} 不低于 60 mmHg,Hb 氧饱和度仍能保持在 90% 以上,血液仍可携带足够的氧,不致发生明显的低 O_2 症。

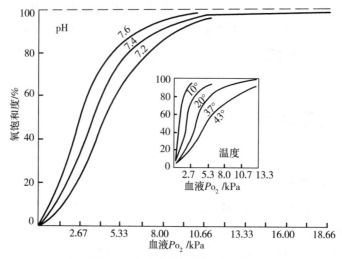

图 4.6　氧离曲线及其影响因素

②氧离曲线中段。相当于 P_{O_2} 变动于 5.33 ~ 8.0 kPa，这是 HbO_2 释放 O_2 的部分，曲线较陡峭。安静时混合静脉血 P_{O_2} 为 5.33 kPa，Hb 氧饱和度约为 75% ，100 mL 血液流过组织时可释放 5 mL O_2 能满足安静状态下组织的氧需要。

③氧离曲线下段。相当于 P_{O_2}5.33 ~ 1.33 kPa(40 ~ 10 mmHg)。这段曲线陡直，是 HbO_2 释放 O_2 的部分，也即 P_{O_2} 稍有下降，Hb 氧饱和度就会有较大幅度下降(相当于组织部位的 P_{O_2} 波动范围)，有较多的 O_2 释放出来供组织活动需要。

3)二氧化碳的运输

血液中，物理溶解的 CO_2 占总运输量的 5% ~ 6% ，化学结合的占 94% ~ 95% 。一部分 CO_2 进入红细胞内，与 Hb 的-NH_2 结合，形成氨基甲酸血红蛋白($Hb-NHCOOH$)，亦称碳酸血红蛋白($HbCO_2$)占 7% 。

①碳酸氢盐经组织换气，CO_2 扩散进入血液，先部分地溶解于血浆，并与水结合生成碳酸。

由于血浆中缺乏碳酸酐酶，此反应只以极缓慢的速度进行。随着进入血浆的 CO_2 的增多，P_{CO_2} 随之升高，于是 CO_2 扩散进入红细胞内。由于红细胞内含有碳酸酐酶(CA)，可使 CO_2 与 H_2O 生成碳酸的反应加快 500 ~ 1 300 倍。红细胞内生成的碳酸又迅速电解，成为 H^+ 和 HCO_3^- 。

当离解生成的 HCO_3^- 在红细胞中的浓度升高，大于血浆中 HCO_3^- 的浓度时，HCO_3^- 即由红细胞向血浆扩散。此时，为维持红细胞胞膜两侧的电解平衡，血浆中的 Cl^- 便由膜外换入红细胞膜内(此过程称为氯转移)，这样使 HCO_3^- 不至于在红细胞内蓄积，也有利于组织细胞中的 CO_2 不断能进入血液。在红细胞内，HCO_3^- 与 K^+ 结合而产生 $KHCO_3$，在血浆内，HCO_3^- 与血 Na^+ 结合而产生 $NaHCO_3$ 。

以上各项反应均是可逆的，当碳酸氢盐随血液循环到肺毛细血管时，新解离出的 CO_2 经扩散被交换到肺泡中，随动物的呼气，将 CO_2 排出体外。

②氨基甲酸血红蛋白。进入红细胞中的部分 CO_2 可直接与 Hb 的氨基结合,生成氨基甲酸血红蛋白(Hb-NHCOOH)。此反应不需酶的催化,是可逆反应。在体毛细血管处,CO_2 容易结合成 Hb-NHCOOH;在肺毛细血管处,Hb-NHCOOH 被迫分离,释放出的 CO_2 扩散到肺泡中,最后被呼出体外。

4.4　呼吸的调节

呼吸运动是一种节律性的活动,其深度和频率通过神经调节来控制,并随体内、外环境条件的改变而改变,以适应不同状态下的需要。有机体的体液因素对呼吸运动的调节也起重要作用。

4.4.1　神经调节

1)呼吸基本中枢

呼吸中枢是指中枢神经系统内产生和调节呼吸运动的神经细胞群。呼吸中枢分布在大脑皮层、间脑、脑桥、延髓和脊髓等部位。脑的各级部位在呼吸节律产生和调节中所起作用不同。正常呼吸运动是在各级呼吸中枢的相互配合下进行的。

2)呼吸高级中枢

呼吸运动还受脑桥以上部位,如大脑皮层、边缘系统、下丘脑等的影响。下位脑干的呼吸调节系统是不随意的自主呼吸调节系统,而高位脑的调控是随意的,大脑皮层可以随意控制呼吸。

3)呼吸的反射性调节

呼吸活动可受机体内、外环境各种刺激的影响,如伤害性刺激、冷刺激、血压的骤然变化等都可使呼吸发生变化。但是,在正常情况下,来自呼吸器官以及呼吸肌本体感受器的刺激,是引发呼吸运动改变的主要因素。重要的反射如下:

(1)肺牵张反射　由肺扩张或肺缩小引起的吸气抑制或兴奋的反射称为肺牵张反射或黑-伯氏反射。有肺扩张反射和肺缩小反射。

(2)呼吸肌本体感受性反射　肌梭和肌腱器官是骨骼肌的本体感受器,它们所引起的反射为本体感受性反射。其意义在于克服呼吸道阻力,加强吸气肌、呼气肌的收缩,保持足够的肺通气量。

(3)防御性呼吸反射　在整个呼吸道都存在着敏感感受器,它们是分布在黏膜上皮的迷走传入神经末梢,受到机械或化学刺激时,引起防御性呼吸反射,以清除刺激物,避免其进入肺泡。它包括咳嗽反射和喷嚏反射。

4.4.2　化学因素对呼吸的调节

调节呼吸的化学因素是指动脉血液或脑脊液中的 O_2,CO_2 和 H^+。当血液或脑脊液

中的 CO_2，H^+ 浓度升高，O_2 浓度降低时，刺激化学感受器通过调节呼吸，排出体内过多的 CO_2，H^+，摄入 O_2，它们与呼吸之间互相影响，以维持血液与脑脊液中 CO_2，O_2，H^+ 浓度的相对恒定。

1）CO_2 的影响

血液中 P_{CO_2} 降得很低时可发生呼吸暂停。因此，一定水平的 P_{CO_2} 对维持呼吸和呼吸中枢的兴奋性是必要的，CO_2 是调节呼吸最重要的经常起作用的生理性体液因子。动物血液 P_{CO_2} 增大，呼吸加快加深，肺通气量增加，以增加 CO_2 的清除；但当吸气 CO_2 含量超过一定水平时，肺通气量不能作相应增加，致使肺泡气、动脉血 P_{CO_2} 陡升，二氧化碳堆积，压抑呼吸中枢，发生呼吸困难，头痛、头昏，甚至昏迷，出现 CO_2 麻醉。

2）H^+ 的影响

中枢化学感受器对 H^+ 的敏感性约为外周的 25 倍，但由于血脑屏障的存在，脑脊液中的 H^+ 才是中枢化学感受器的最有效刺激。动脉血中 H^+ 增加，呼吸加深加快；H^+ 降低呼吸受到抑制。

3）O_2 的影响

同二氧化碳一样，动物对低氧的反应也有个体差异。一般在动脉 P_{O_2} 由 100 降到 80 mmHg 以下时，肺通气才出现可觉察到的增加，可见动脉血 P_{O_2} 对正常呼吸的调节作用不大。只有在严重肺气肿、肺心病患者，肺换气受到障碍时低氧刺激才有重要意义。

4）P_{CO_2}，H^+ 和 P_{O_2} 在影响呼吸中的相互作用

P_{O_2} 下降对呼吸影响较慢、较弱。实际情况中往往是一种因素的改变会引起其余两种因素相继改变或存在几种因素的同时改变，三者间相互影响、相互作用，既可因相互总和而加大，也可因相互抵消而减弱。增加时，$[H^+]$ 随之升高，加大；$[H^+]$ 增大时，因肺通气增大使二氧化碳排出，抵消部分，作用变小；P_{CO_2} 减小也因肺通气增大使二氧化碳排出，使 P_{CO_2} 和 $[H^+]$ 降低，从而减弱了低氧的刺激作用。

4.4.3　高原对呼吸的影响

高原对呼吸影响的因素是低氧。海拔愈高，空气愈稀薄，缺氧也愈严重。

平原生活的动物快速移入高原，动脉血中 P_{O_2} 下降，反射性引起呼吸加深加快，暂时可缓解缺氧状况。但由于呼吸深快可引起肺通气量过大，排出 CO_2 过多，造成呼吸性碱中毒。由于脑脊液中 CO_2 含量不足，$[H^+]$ 下降致使呼吸中枢抑制，呼吸减弱；另一面，动脉中 pH 升高，氧离曲线左移，也造成组织缺氧。动物体各器官对缺氧的耐受力是不同的，脑组织需氧量大，最易受损害，其次是心肌。

经长期逐渐适应后，移入高原的动物将增强缺氧的耐受力，组织缺氧得到缓解。动物对高原低氧的这种适应性变化，称为风土驯化。

复习思考题

1. 简述影响气体交换的因素。

2. 简述胸内负压的成因及生理意义。

3. 分析呼吸过程中胸内压和肺内压有何变化?

4. O_2 和 CO_2 在血液中分别是怎么运输的?

第5章
消化生理

> **本章导读**：了解动物消化方式、消化腺分泌的调节、消化道运动；熟悉消化液的种类和功能、单胃消化、反刍动物前胃消化、小肠消化、各种营养物质吸收过程；能根据营养物质消化和吸收特点，在畜牧业生产中进行科学饲养，提高营养物质的消化和吸收水平。

饲料在消化管内被分解成结构简单、可被吸收的小分子物质的过程称为消化。经过消化后的产物、水、盐类等，透过消化管黏膜上皮细胞，进入血液和淋巴循环的过程称为吸收。消化和吸收是两个相辅相成、紧密联系的过程。不能被消化吸收的食物残渣，最终以粪便的形式排出体外。

5.1 概　述

5.1.1 消化方式

食物在消化道内的消化包括物理性消化、化学性消化和微生物消化 3 种方式。

1) 物理性消化

物理性消化是通过消化道肌肉的舒缩活动，将食物磨碎，并使之与消化液充分混合，以及将食糜不断地向消化道远端推送，最终将消化吸收后的饲料残渣排出体外；它是一种肌肉活动，使饲料颗粒变小，但分子结构未变，为化学性消化和微生物消化创造条件。

2) 化学性消化

动物消化腺所分泌的各种消化酶和植物饲料本身的细胞内酶将饲料中的蛋白质、脂肪和糖类分解成为小分子物质的过程。

3) 微生物消化

由栖居在动物消化道内的微生物对饲料进行发酵的过程。此种消化方式对饲料中纤维素、半纤维素、果胶等高分子糖类的消化具有极为重要的意义。

正常情况下 3 种方式的消化作用是同时进行协调配合的。然而，这 3 种消化方式又有明显的阶段性。化学性消化和微生物消化又在一定程度上影响机械性消化。不同部位的消化管因结构不同,其消化方式各有侧重。

5.1.2 胃肠道机能的调节

胃肠道机能主要指胃肠道运动及相关消化腺分泌为基础的消化吸收活动。胃肠道机能的调节,相比与机体其他系统功能的调节有其特点:一是受外来神经和内分泌系统调节,二是受消化系统本身所特有的内在神经丛和胃肠道激素的调节。现在认为,胃肠的分泌、运动和吸收机能受神经和体液调节(见图5.1)。

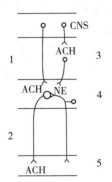

图5.1 肠壁的神经支配及其对内在神经丛活动的影响示意图
ACH.乙酰胆碱 CNS.中枢神经系统 NE.去甲肾上腺素
1—副交感神经 2—胆碱能反射弧 3—交感神经 4—内在神经丛 5—黏膜

1)神经调节

消化道除口腔、食管上段及肛门括约肌之外,都受交感神经和副交感神经双重支配,其中副交感神经的作用是主要的,胃肠机能受植物性神经系统和胃肠壁内在神经丛的控制,内在神经丛纤维通过局部反射传递感觉和影响运动。

(1)副交感神经 支配胃肠道的副交感神经,主要来自脑干发出的迷走神经,支配远端结肠的副交感神经则来自脊髓发出的盆神经。副交感神经兴奋,可使胃肠运动加强,消化腺分泌增加,括约肌舒张,加快胃肠道的化学性和机械性消化作用。

(2)交感神经 交感神经发源于脊髓的胸、腰段侧角,在腹腔神经节和肠系膜前、后神经节更换神经元后,发出节前纤维支配消化道的平滑肌和腺体。交感神经兴奋可使消化腺分泌减少,胃肠运动减弱,括约肌收缩,减慢胃肠道内容物的推进速度。交感神经和副交感神经对胃肠道的作用是拮抗的。然而,在正常情况下,经机体内各级中枢的整合协调,这两类神经不同程度地处于兴奋状态,它们的作用对立统一,使胃肠道的功能协调,维持着正常的消化功能。

2)体液调节

调节胃肠功能活动的体液性因素,主要是胃肠激素。散存在于胃肠道黏膜中的20多种内分泌细胞所分泌的激素或肽类,它们通过血液循环或局部扩散的方式作用于附近的靶腺和靶细胞并使之产生特殊的效应,这类特殊的化学物质称为胃肠激素。

5.2　随意采食

采食活动受位于下丘脑的食物中枢的调节,该中枢与脑的其他部位存在复杂的神经联系,因此它是调节采食的基本整合中枢。动物主要依靠视觉和嗅觉觅取并鉴别食物。

积极采食是食欲旺盛、动物机体健康的重要临床特征。各类动物的食性不同,采食的方式也不同,但主要的采食器官都是唇、舌、齿,并配合颌部和头部肌肉的运动。肉食动物如狗、猫等,常以门齿和犬齿咬扯食物,借助头、颈运动将食物摄入口内,甚至还用前肢协助采食。马属动物主要依靠门齿和唇采食,马的唇尤其灵活,便于收集草茎、谷粒,并依靠头部牵拉动作将不易咬断的草茎扯断。羊也有灵活的唇,绵羊上唇有裂隙,更适于咬啃短的牧草。牛的舌既长又灵巧,是主要的采食工具,可把舌伸出口外相当距离而将草茎、秸秆卷入口内。猪有坚实的吻突,喜用它掘取草根、蚯蚓等,舍饲时靠齿、舌和头部的特殊运动(上、下或前、后方向的伸缩活动)采食,在采食流质食物时常发出喷喷的响声。

5.3　消化腺分泌

动物的消化腺是消化系统的组成部分,是消化管壁上或开口于消化管的腺体。各种消化腺分泌不同的消化液,其中所含的酶也不同。腺细胞分泌是主动活动过程,为周期性分泌,周期一般持续数小时,包括 4 期:

第 1 期:分泌细胞从血液中摄取用以合成分泌物的原料,包括水分、电解质和小分子有机物(氨基酸、单糖、脂肪酸)等。

第 2 期:通过腺细胞的活动,将原料合成分泌物,并以颗粒或小泡形式储存。

第 3 期:分泌物从腺细胞排出,主要是局部分泌,也有顶浆分泌,即部分细胞质与分泌物一起排出。

第 4 期:分泌细胞的结构和机能的恢复。

5.3.1　唾液分泌

唾液是 3 对大消化腺(腮腺、颌下腺、舌下腺)和口腔黏膜中许多小腺体(唇腺、颊腺)的混合分泌物。

1)唾液的性质和组成

唾液为无色透明的、黏稠弱碱性液体,由水、无机盐和有机物组成。水分约占98.92%。无机物有钾、钠、钙、镁的氯化物,磷酸盐和碳酸氢盐等。

动物唾液的比重为 1.001~1.009,唾液分泌量的差异因饲料、动物种类的不同差异很大,猪一昼夜内分泌为 15~16 L,牛为 100~200 L,马约为 40 L,羊为 8~13 L。

2）唾液的生理作用

①湿润口腔和饲料,有利动物嘶鸣、咀嚼和吞咽。

②能溶解食物中的某些成分而产生味觉,并引起胃、肠消化液分泌及运动加强的某些反射活动。

③猪等动物唾液中所含的淀粉酶,能催化淀粉水解为麦芽糖;尽管在口腔中停留时间很短,但食团进入胃后在胃液 pH 值尚未降至 4.5 之前,唾液淀粉酶仍能发挥作用。

④以乳为食的某些幼龄动物唾液中的脂肪分解酶,可水解脂肪和游离脂肪酸。

⑤唾液经常冲洗口腔中的异物和饲料残渣,洁净口腔,狗等肉食动物唾液中的溶菌酶具有杀菌作用。

⑥维持口腔中的弱碱性环境,饲料中的碱性酶免遭破坏,即使进入胃的初期仍发挥消化作用。反刍动物唾液含有大量的碳酸氢钠和磷酸钠,这种大量、碱性较强的唾液进入瘤胃后,能中和瘤胃发酵所产生的酸,有利于瘤胃中微生物生存和消化。

⑦某些汗腺不发达的动物,如牛、狗,可借助唾液中水分蒸发来调节体温。

⑧反刍动物可随唾液分泌大量的尿素进入瘤胃,参与机体的尿素再循环,减少氮的损失。

5.3.2　胃液分泌

单胃动物的胃黏膜区分为贲门腺区、胃底腺区和幽门腺区。贲门腺区的腺细胞分泌黏液,保护近食道处的胃黏膜免受胃酸的损伤,胃底腺区占据整个胃底部,是胃的主要消化区,由主细胞、壁细胞和黏液细胞组成,分别分泌胃蛋白酶原、盐酸和黏液。此外,壁细胞还分泌内因子。幽门腺区的腺细胞分泌碱性黏液,还有散在的"G"细胞是内分泌细胞,分泌促胃液素(见图 5.2)。

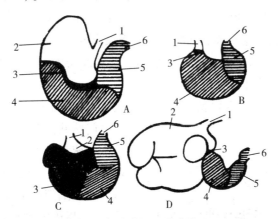

图 5.2　各种动物胃黏膜的分区

A.马　B.狗和猫　C.猪　D.牛和羊

1—食管　2—胃的食管膨大部　3—贲门腺区

4—胃底腺区　5—幽门腺区　6—十二指肠

1）胃液的性质

纯净胃液为无色、透明、清亮的强酸性液体，pH值为0.5～1.5。胃液的组成除水分、无机物外，还有盐酸、钠和钾的氯化物等。有机物有黏蛋白、胃蛋白酶、幼龄动物的凝乳酶等。

2）胃液的主要成分及作用

（1）盐酸　即通常所说的胃酸。胃液中的盐酸有两种形式：一是游离酸，二是结合酸，二者合称总酸，其中绝大部分是游离酸。盐酸的含量因动物种类不同而异，猪约0.35%，马约0.24%，狗约0.5%。猪胃液游离盐酸约占总酸的90%，结合酸约占10%。

盐酸的主要作用：

①激活胃蛋白酶原，使它转变成有活性的胃蛋白酶，并为其提供适宜的酸性环境。

②使蛋白质膨胀变性，便于被胃蛋白酶水解。

③抑制和杀灭随饲料进入胃内的微生物，维持胃和小肠的无菌状态。

④盐酸进入小肠后，能刺激促胰液素的释放，从而促进胰液、胆汁和小肠液的分泌。

⑤盐酸所造成的酸性环境有助于铁和钙的吸收。

另外，初生幼龄动物胃液特别缺乏盐酸，胃液过多时可侵蚀胃和十二指肠黏膜，是消化性溃疡的诱因之一。

（2）胃消化酶　胃黏膜分泌的消化酶有胃蛋白酶、凝乳酶和胃脂肪酶等。胃消化酶均由主细胞分泌。

①胃蛋白酶。胃液中主要的消化酶。由胃腺主细胞分泌到胃腔的是无活性的为蛋白酶原，它在盐酸或已激活的胃蛋白酶作用下，转变为有活性的胃蛋白酶。在酸性环境中胃蛋白酶能分解蛋白质，主要产物是胨和胨，还有少量多肽和氨基酸。

②凝乳酶。哺乳期幼龄动物的胃液内含量较高，刚分泌时亦为无活动状态的酶原，盐酸能将其激活。凝乳酶能将乳中的酪蛋白凝固，从而延长乳汁在胃内的停留时间，以利于胃液对它充分消化，这对哺乳期的幼龄动物极为重要。

③胃脂肪酶。它能将一部分脂肪分解为甘油和脂肪酸。但胃脂肪酶的含量和活性低，在胃内消化脂肪的作用不大。

（3）黏液　胃的黏液是由胃黏膜表面上皮细胞、胃腺的主细胞、颈黏液细胞、贲门腺和幽门腺共同分泌。胃的黏液有两种：可溶性黏液和不溶性黏液；可溶性黏液较稀薄，是由胃腺的主细胞和颈黏液细胞以及贲门腺和幽门腺分泌的，是胃液的一种成分，它与胃内容物混合可润滑及保护黏膜免受损伤。不溶性黏液由胃黏膜表面上皮细胞分泌，呈胶冻状衬于胃腔表面成为厚约1 mm的黏液层，还与胃黏膜分泌的HCO_3^-一起构成"黏膜-碳酸氢盐屏障"（见

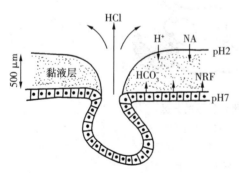

图5.3　黏膜-碳酸氢盐屏障

图5.3）。该屏障主要作用是为了防止胃酸和胃蛋白酶对胃黏膜的侵蚀和消化。

3）胃液分泌的调节

胃液分泌的调节包括刺激胃液分泌的因素和抑制胃液分泌的因素调节,正常胃液分泌是兴奋和抑制两方面因素相互作用的结果。

（1）刺激胃液分泌的因素　食物是引起胃液分泌的生理性刺激物,一般按感受食物刺激的部位,分为三个时期:头期、胃期和肠期。各期的胃液分泌在质和量上有一些差异。但在时间上各期分泌是重叠的,在调节机制上,都包括神经和体液两方面的因素。

①头期。引起胃液分泌的传入冲动主要来自位于头部的感受器,故称头期。用具有胃瘘的狗可观察到,当它看到和嗅到食物时,就有胃液流出,此为条件反射性分泌,需要大脑皮层参与。利用假饲法证明,咀嚼和吞咽食物时,食物虽未能入胃,但仍引起胃液分泌。假饲时胃酸的分泌率可达最高分泌率的40%。这是食物刺激了口腔、咽、食管的化学和机械感受器而引起的非条件反射性分泌(见图5.4)。

图5.4　假饲

头期分泌的胃液特点:分泌的量多,酸度高,胃蛋白酶的含量高,因而消化力强。

②胃期。食物进入胃后,继续刺激胃液分泌,主要途径是:A.食物的硬度和容积刺激胃底、胃体部的感受器,通过局部和壁内神经丛的反射释放乙酰胆碱引起胃液分泌。反射的传入和传出神经都在迷走神经内。B.扩张刺激胃幽门部,通过壁内神经丛作用于G细胞,引起促胃液素释放。促胃液素是由17个氨基酸组成的多肽,具有很强的刺激胃酸的作用。C.食物的化学成分(蛋白质的分解产物)直接刺激G细胞,引起促胃液素的分泌(见图5.5)。

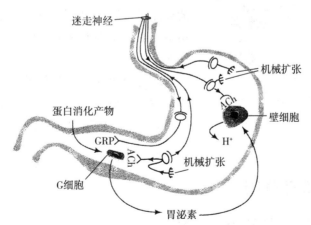

图5.5　胃期胃液分泌调节示意图 GRP,胃泌素释放肽

胃期分泌胃液的特点:酸度也高,但消化力比头期弱。

③肠期。食物在胃内部分消化而成为食糜进入小肠后,还能引起少量的胃液分泌,

这是由于食糜的机械性和化学性刺激作用于小肠的结果。

肠期分泌的胃液特点:分泌量少,约占进食后胃液分泌总量的10%,酶原含量也少。

(2)抑制胃液分泌的因素 抑制胃液的分泌受盐酸、脂肪、高渗溶液、精神、情绪等因素的影响。

①盐酸。当胃窦和十二指肠内盐酸过多时(胃窦内 pH<1.2~1.5 或十二指肠内 pH<2.5 时),可以抑制胃酸分泌。

②脂肪。进入小肠内的脂肪及其消化产物,可以刺激小肠黏膜释放肠抑胃素(可能包括抑胃肽、胰泌素、神经降压素等),进而抑制胃液的分泌。

③高渗溶液。十二指肠内的高渗溶液可抑制胃液分泌。

④通过刺激小肠黏膜释放胃肠激素抑制胃分泌。

(3)某些药物对胃液分泌的影响

①组织胺是一种很强的胃酸分泌刺激物。

②乙酰胆碱、乙酰甲胆碱和毛果芸香碱,都是促进胃液分泌的药物。阿托品类胆碱能神经阻断药,则抑制胃液分泌。

③肾上腺皮质激素可增强胃腺对迷走神经冲动和胃泌素等刺激的反应,但它也有抑制胃黏液分泌的作用。因此,对消化性溃疡患病动物使用这类激素时要慎重。

4)胃内的消化过程

进入胃内的食团,在胃液消化酶作用下开始消化。微生物的发酵作用参与草食动物和杂食动物的整个消化过程。

糖类和蛋白质的初步分解主要在胃内进行,脂肪开始乳化但分解量很少。食物入胃后在一段时间保持分层排列状态,并紧贴胃壁,胃壁腺体分泌的酸性胃液逐渐由外向内

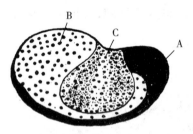

图5.6 猪胃内食物的分层早(A)、午(B)、晚(C)喂给的食物仍未混合

透入。随着胃酸不断渗入和有机酸继续产生,胃内酸度逐步增加,淀粉酶作用和细菌发酵过程逐渐被抑制,胃蛋白酶开始进行消化,饲料蛋白质被初步分解为蛋白胨和胨,并产生少量的多肽和氨基酸。

幼龄动物的胃液含盐酸量很少或完全缺乏,所以,对蛋白质的消化和杀灭细菌的能力很弱,这是幼龄动物易患某些消化道疾病的一个重要原因(见图5.6)。

5.3.3 胰液分泌

1)胰液的组成、机能和分泌量

胰液是无色透明而黏稠的碱性液体,pH7.2~8.4。不同动物胰液的一昼夜分泌量各不相同,马 10~12 L,牛 6~7 L,猪 7~10 L,狗 200~300 mL,绵羊 250~500 mL。

胰液中含水约90%,其余为无机物和有机物。无机物主要为碳酸氢盐和少量氯化

物,其主要作用是中和进入十二指肠的胃酸,使肠黏膜免受强酸的侵蚀;同时也提供了小肠内多种消化酶活动的最适宜 pH 环境。胰液中的有机物由胰腺的腺泡细胞分泌,主要是各种消化酶,对进入小肠的食糜进行消化。由于胰液含有水解饲料中三大营养物质的消化酶,因而胰液是所有消化液中最重要的一种。

2)胰消化酶的分泌及其作用

(1)胰蛋白分解酶　胰液中的蛋白分解酶主要是胰蛋白酶、糜蛋白酶及少量的弹性蛋白酶。最初分泌出来时均以无活性的酶原形式存在。胰蛋白酶原分泌到十二指肠后,迅速被肠致活酶激活,使之变为有活性的胰蛋白酶。胰液中还存在羧基肽酶,核糖核酸酶和脱氧核糖核酸酶等,它们分别能水解多肽为氨基酸,水解核酸为单核苷酸。胰蛋白酶和糜蛋白酶的作用基本相似,能将经胃液初步消化而变性的蛋白质分解。

(2)胰淀粉酶　胰淀粉酶是一种 α-淀粉酶,在 Cl^- 存在下,能水解淀粉为糊精和麦芽糖。

(3)胰脂肪酶　胰脂肪酶是胃肠道消化脂肪的主要酶,在胆盐的共同作用下,可将脂肪分解为脂肪酸和甘油一酯。

5.3.4　胆汁

胆汁是由肝细胞周期性连续分泌的。它不仅是消化液,对食物中的脂肪消化和吸收起着重要作用,而且某些代谢终产物也通过胆汁经肠道排出体外。

1)胆汁的性质、成分

胆汁是一种具有苦味的黏滞性黄绿色液体。胆汁的主要成分有胆汁酸、胆盐、胆色素、胆固醇、黏蛋白、卵磷脂和其他磷脂、脂肪酸和各种电解质,但没有消化酶。胆盐是肝细胞分泌的胆汁酸与甘氨酸或牛磺酸结合形成的钠盐或钾盐,它是胆汁参与消化和吸收的主要成分。胆汁酸有游离胆汁酸和结合胆汁酸两大类,以后者为主。胆色素是血红蛋白的分解产物,包括胆红素及其氧化产物胆绿素。

2)胆汁的生理作用(主要是胆盐或胆汁酸的作用)

①降低脂肪的表面张力,使脂肪乳化成微滴,分散于肠腔,增加了与胰脂肪酶的接触面积,促进脂肪的分解。

②胆盐因其分子结构特点,当达到一定浓度时,可与甘油一酯和脂肪酸结合成水溶性的混合微胶粒,使脂肪分解产物以及脂溶性维生素(A、D、E 和 K)能到达肠黏膜的表面,促进其吸收。

③胆盐本身是促进胆汁分泌的重要体液因素。胆汁中的胆盐和胆汁酸进入小肠后,绝大部分(约90%以上)可以在回肠末端被主动吸收,经由门静脉返回肝脏,然后再分泌到胆汁中去,这一过程称为胆盐的肠肝循环。

④增强脂肪酶的活性,起激动剂作用。

⑤胆盐可刺激小肠运动。

5.3.5　小肠液

动物的小肠内有两种腺体:十二指肠腺和肠腺。小肠液是小肠黏膜中各种腺体的混合分泌物。

1)小肠液的性质、成分

小肠液呈弱碱性的浑浊液体,pH 值为 8.2~8.7,小肠液中除含有大量水分外,无机物的含量和种类一般与体液相似,仅碳酸氢钠含量高。有机物主要是黏液,多种消化酶和大量脱落的上皮细胞。分泌量很大,可稀释消化产物,使其渗透压下降,有利吸收的进行。大量小肠液又很快被小肠绒毛吸收,小肠液这种循环交流为小肠内营养物质吸收提供了媒介。

小肠液中的消化酶主要有:

(1)肠肽酶　主要是氨基肽酶,它可从肽链的氨基端进一步水解多肽。

(2)肠脂肪酶　能补充胰脂肪酶对脂肪水解的不足。

(3)二糖酶　主要有蔗糖酶、麦芽糖酶和乳糖酶,分别水解相应的二糖为单糖。虽然这些来源于肠黏膜上皮的酶可以将食糜中的营养物质进一步水解为小分子状态,但对小肠消化并不起主要作用。

2)小肠液的作用

(1)消化食物　即肠激酶和肠淀粉酶的作用。

(2)保护作用　即弱碱性的黏液能保护肠黏膜免受机械性损伤和胃酸的侵蚀,以及免疫蛋白能抵抗进入肠腔的有害抗原。

5.3.6　小肠内消化过程

进入小肠内并混有大量消化液—唾液、胃液、膜液、胆汁及肠液的半消化食物,成半流体的食糜,其内含水量很高(达 90%~95%),其中约 1/4 来自食物和饮入的水,3/4来自消化液。随消化液进入肠中的还有有机物和矿物质,这些物质含量相当恒定,在肠中被重新吸收入血液。

动物胃内的微生物,尤其是在反刍动物前胃消化中起重要作用的细菌和纤毛虫,经过皱胃内的消化,大部分死亡,并被分解,作为构成小肠食糜营养物质的一部分。有少量处于芽孢状态的细菌,随食糜进入大肠后,遇到适宜条件,又开始繁殖。

小肠食糜中的营养物质在消化酶作用下,逐步分解,变成可被肠壁吸收的物质。消化酶的作用方式,除了混和在食糜内进行肠腔消化外,还附着于肠壁黏膜上,对通过肠管的食糜营养物进行"接触性消化"(膜消化)。据报道,成年猪肠壁对淀粉的膜消化作用比肠腔消化高数倍之多。

饲料中的糖类主要是纤维素、淀粉等多糖以及蔗糖、乳糖等双糖。在小肠前段的肠腔消化期,淀粉的 α-1,4 键被胰 α-淀粉酶水解产生 α-糊精、麦芽二糖和麦芽三糖。在膜消化期,这些淀粉分解产物在上皮细胞纹状缘表面,才分别被各自特异性酶分解为葡萄糖。同时,蔗糖和乳糖也被各自的酶分解为单糖而被吸收。

经胃液初步作用的饲料蛋白质和内源蛋白质主要在小肠前段被消化。在肠腔消化期,胰腺分泌的内切酶(胰蛋白酶、糜蛋白酶和胰脂酶)与外切酶(羧基肽酶 A 和 B)在蛋白质水解为小肽和氨基酸中起主要作用。一部分小肽在黏膜细胞纹状缘表面被进一步分解为氨基酸。

脂肪主要是在肠腔内依赖胰脂酶和胆汁的共同作用进行消化的。由于动物缺乏纤维素酶,饲料中纤维素的消化,主要依靠栖居于胃肠道中的微生物产生的纤维素酶来消化。

5.4 消化道运动

物理消化是以肌肉收缩为动力对食物进行加工,消化道运动的主要以咀嚼、吞咽和胃肠道运动来体现。

5.4.1 咀嚼和吞咽

1)咀嚼

动物用唇(或喙)捕捉食物,并将食物送入口腔,在颌部、颊部、咀嚼肌和舌肌的配合运动下,用上下齿列将食物压碎或磨碎,并混合唾液的过程,这是消化过程的第一步。

咀嚼的作用有如下几个方面:

(1)磨碎食物 机械地将饲磨碎,并破坏其细胞的纤维膜,增加与消化液接触的面积,有利于消化。

(2)混合唾液 使磨碎后的饲料与唾液充分混合,起到湿润和润滑食物的作用,形成食团利于吞咽。

(3)反射性引起唾液腺、胃腺、胰腺等消化腺的分泌活动和胃肠道的运动,为以后的消化过程创造有利条件。

2)吞咽

吞咽是由口腔、舌、咽和食管肌肉共同参与的一系列复杂的反射性协调活动,是食团从口腔进入胃的过程。

5.4.2 胃肠道平滑肌的特性

平滑肌的肌纤维比骨骼肌小得多,直径为 $2\sim10\ \mu m$,长 $50\sim400\ \mu m$,呈棱形。每一肌纤维的中部都有一细胞核。

在整个消化道中,除口腔、咽、食管大部分(马前 2/3;牛和猪几乎全部)和肛门外括约肌是骨骼肌外,其余部分都是由平滑肌组成,通过平滑肌的舒缩活动完成对食物的机械

性消化。消化道平滑肌除具有兴奋性、传导性、收缩性肌肉组织的共同特性外,还具有自己的特性:

1)兴奋性较低、收缩缓慢

消化道平滑肌与骨骼肌、心肌相比兴奋性较低,静息电位不稳定,可以缓慢自动去极化。平滑肌收缩的潜伏期、收缩期和舒张期比骨骼肌所占时间长很多,因此,整个收缩过程比较缓慢。

2)较大的展长性

消化道平滑肌能适应需要作很大伸展,比原初长度增加几倍,且不发生张力的改变。因此,胃、肠等器官常可容纳几倍于原来容积的内容物。

3)紧张性

消化道平滑肌经常保持微弱的持续收缩状态,即具有一定的紧张性。这对于消化道内壁与内容物紧密接触促进消化吸收,有重要作用,还使消化道各部分如胃、肠等保持一定的形状和位置。此外,消化道平滑肌各种收缩活动也都是在紧张性基础上发生的。

4)节律性收缩

消化道平滑肌收缩有明显的自动节律性,能够自动地进行缓慢的节律性运动。

5)对化学、温度、牵张刺激敏感

微量的化学物质,尤其是体液因素,常常能显著地改变消化道的运动速度和强度。

5.4.3　胃的运动

构成胃壁的平滑肌,按其纤维的排列方向分为纵行、环行和斜行三层,这些肌肉的收缩形成胃的运动。

1)胃的运动形式

(1)紧张性收缩　胃壁平滑肌经常保持着一定程度的收缩状态,称紧张性收缩,其意义在于维持胃内一定的压力和胃的形状、位置。当胃内充满食物时,紧张性收缩加强,所产生的压力有助于胃液渗入食物和促进食糜向十二指肠移行。

(2)容受性舒张　当咀嚼和吞咽食物时,食物刺激咽、食管等处感受器,反射性地引起胃底和胃体部肌肉舒张,这种舒张使胃能适应大量食物的涌入,而胃内压上升不多,以完成贮存食物的功能,故称容受性舒张。

(3)蠕动　食物进入胃后约5分钟,胃即开始蠕动,蠕动波从胃体中部开始,逐渐推向幽门,蠕动开始时不很明显,越靠近幽门,收缩越强。蠕动波的频率每分钟3次,约需1分钟到达幽门。因此,通常是一波未平,一波又起。胃反复蠕动可使胃液与食物充分混合,并推送胃内容物分批通过幽门进入十二指肠(见图5.7)。

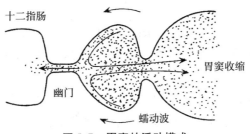

图5.7 胃窦的活动模式

2）胃运动的调节

（1）神经调节　迷走神经对胃运动具有兴奋作用,交感神经(内脏神经)具有抑制作用。交感神经能减慢胃基础电节律的频率和传导速度,抑制胃运动,还有反射性调节或受大脑皮质的影响。

胃运动的反射性调节不仅有非条件反射,也有条件反射。如动物看到食物的外形或嗅到食物的气味,均会引起胃运动加强。

（2）体液调节　许多胃肠道激素都能影响胃收缩和生物电活动。胃泌素可使胃的基础生物电节律及动作电位的频率增加、胃运动加强。促胰液素和抑胃肽可使胃运动减弱。

3）胃的排空

食糜由胃排入十二指肠的过程称为胃的排空。单胃动物在食物入胃后5分钟就开始有部分排入十二指肠。胃对不同食物的排空速度是不同的,这同食物的物理状态和化学组成有关,流体食物比固体食物排空快,颗粒小的食物比颗粒大的食物排空快。

4）呕吐

呕吐是指胃和肠内容物被强力挤压,通过食管,从口腔驱出的动作。呕吐动作是复杂的反射活动。机械的和化学的刺激作用于舌根、咽、胃、大小肠、胆总管等处的感受器可引起呕吐,胃肠道以外的器官,如泌尿生殖器官、视觉、味觉、嗅觉和内耳前庭位置觉等感受器受到异常刺激时也可引起呕吐。

动物借助于呕吐将进入化学感受器消化道的有害物质排出。因此,它是一种具有保护意义的防御反射,但呕吐对动物也有不利的一面,若长期剧烈的呕吐,不仅影响正常进食和消化活动,而且使大量消化液丢失,造成体内水、电解质和酸碱平衡的紊乱。

5.4.4 小肠运动

肠的运动机能是依靠肠壁的两层平滑肌完成的。肠壁的内层肌由环状肌组成,它的收缩使肠管的口径缩小;肠壁的外层肌由纵行肌组成,它的收缩使肠管的长度缩短。由于这两种平滑肌的复合收缩,产生各种运动形式,使食糜与消化液混合,使消化产物与肠黏膜密切接触以便吸收,并推送食糜在肠中移动。

1）小肠运动的形式

小肠的运动形式包括消化期的紧张性收缩、分节运动和蠕动,以及消化间期的移行

性运动复合波。

（1）紧张性收缩　小肠平滑肌的紧张性是其他运动形式有效进行的基础。当小肠紧张性降低时，肠壁易于扩张，小肠对食糜混合无力，推送缓慢；紧张性高时，食糜在肠腔内的混合和推送过程均加快，为 10～30 cm/min。

（2）自律性分节运动　主要由肠壁的环行肌的收缩和舒张所形成。在食糜所在的某一段肠管上，环行肌在许多点同时收缩，把食糜分割成许多节段（见图5.8）。

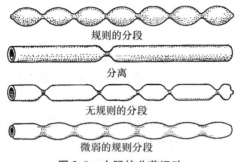

图5.8　小肠的分节运动

随后，原来收缩处舒张，而原来舒张处收缩，使食糜的节段分成两段，而相邻的两半则合拢以形成一个新的节段；如此反复进行，食糜得以不断地分开，又不断地混合。当持续一段时间后，由蠕动把食糜推到下一段肠管，再重新进行分节运动（见图5.9）。

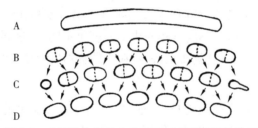

图5.9　小肠的自律性分节运动对食糜的搅拌作用

分节运动的主要生理功能是：

①使食糜与消化液充分混合，便于进行化学消化。

②使食糜与肠管紧密接触，有利于吸收。

③分节运动还能挤压肠壁，有助于血液和淋巴的回流。

（3）蠕动　是由环行肌和纵行肌共同参与的一种速度缓慢的波浪式的推进运动，发生于小肠的任何部位，当肠段被食糜充胀后，纵行肌先开始收缩，当收缩完成一半时，环行肌便开始收缩。当环行肌收缩完成时，纵行肌的舒张完成一半。如此连续进行，使食糜缓慢后移。小肠的蠕动速度很慢，每分钟约数厘米；蠕动波推进的距离也较短，一般为10～30 cm。这种特点保证了小肠内食糜有充分的时间和机会进行消化和吸收。此外，小肠还出现一种进行速度快（2～25 cm/s）传播较远的蠕动，称为蠕动冲，它可把食糜从小肠始端推向末端，有时可到大肠。

在十二指肠和回肠末端有时还出现与蠕动方向相反的蠕动，叫逆蠕动，逆蠕动的收缩力较弱，传播的范围也较小。蠕动与逆蠕动相配合，使食糜在肠管内来回移动，有利于食糜充分消化和吸收。

(4)摆动(钟摆运动) 摆动是草食动物特有的,以纵行肌节律性舒缩活动为主的运动。当食糜进入某段小肠后,该段小肠的纵行肌一侧发生节律性的舒张和收缩,对侧纵肌则发生相应的收缩和舒张。这样该段肠管时而向这个方向运动,时而又向相反方向移动,形如钟摆运动。其作用与分节运动相似。

(5)移行性运动复合波 这是发生在消化间期的一种强有力的蠕动性收缩,传播很远,有时能传播至整个小肠。移行性运动复合波的生理意义尚不太清楚,一般认为在推送小肠内未消化的食物残渣离开小肠和控制前段肠管内细菌的数量方面起重要作用。

2)小肠运动的调节

(1)神经调节

①内在神经丛的作用。位于纵行肌和环行肌之间的肌间神经丛对小肠运动起主要作用。当机械或化学刺激作用于肠壁感受器时,通过局部反射可引起平滑肌蠕动。切断外来神经,小肠的蠕动仍可进行。

②外来神经的作用。一般来说,副交感神经的兴奋能加强肠的运动,而交感神经兴奋则产生抑制作用。但上述效果还以肠肌当时的状态而定。如肠肌的紧张性高,则无论副交感神经还是交感神经兴奋,都使之抑制;相反,如肠肌的紧张性低,则这两种神经兴奋都有增强其活动的作用。

(2)体液因素的作用。促进小肠运动的体液因素有:乙酰胆碱、5-羟色胺、胃泌素、胆囊收缩素、胃动素、P 物质等。其中 P 物质、5-羟色胺等作用更强。抑制小肠运动的物质有血管活性肠肽、抑胃肽、内啡肽、促胰液素、肾上腺素、胰高血糖素等。

3)回盲瓣或回盲括约肌的机能

牛、羊、猪、狗有很发达的回盲瓣,而马有很发达的回盲括约肌。在回盲瓣处,环行肌显著增厚,形成回盲括约肌,平时回盲括约肌保持收缩状态。回盲瓣或回盲括约肌的主要功能是防止回肠内容物过快地进入盲肠,延长食糜在小肠内停留的时间,保证小肠内容物能更充分地消化和吸收;同时,它还能有效地阻止大肠内有细菌的内容物向回肠倒流而污染小肠。

5.4.5 大肠运动和排粪

大肠运动的特点是少而慢,对刺激的反应也较迟钝,这些特点有利于大肠内微生物的活动和粪便的形成。

1)盲肠运动

肉食动物的盲肠不发达,而草食和杂食动物都有发达的盲肠。各种动物的盲肠都能进行类似小肠分节运动的节律性收缩,但频率和速度都比小肠低得多。它的生理功能是搅拌和揉捏盲肠内容物,没有推进作用。

2)结肠运动

动物都有发达的结肠。结肠基本生物电节律的起步点是前结肠或结肠中段的环行

肌。由此产生慢波沿结肠分别向两端传播:即前半段向近端传播,后半段向远端传播。结肠中出现的运动形式有:袋状往返运动、分节或多袋推进运动和蠕动。

3)排粪动作

排粪动作是由大肠后段的平滑肌和肛门括约肌等一系列肌群参与的复杂反射。排粪时,结肠后段和直肠的肌肉强烈收缩,肛门内外侧括约肌舒张,粪便被排出体外。同时,膈肌和腹肌发生协同收缩,提高腹腔内压,协助粪便排出。

动物能随意进行或抑制排粪,也能建立排粪的条件反射。除狗、猫外,动物都能在行进状态下排粪。

4)饲料通过消化道的时间

食物进入消化道到粪便排出所需的时间,因动物种不同而有异。猪为 18 ~ 24 h,约持续 12 h 排完。马为 2 ~ 3 d,经 3 ~ 4 d 排完。饲料在牛、羊消化管内储留的时间最长,一般需要 7 ~ 8 d 甚至十几天的时间才能将饲料残余物排尽。狗则需 12 ~ 15 h。

5.5　微生物的消化作用

在草食动物的整个消化过程中微生物的消化占有极其重要的地位,由于动物的消化液中不含消化纤维素的酶,而微生物可对饲料内 70% ~ 85% 可消化干物质和约 50% 粗纤维进行发酵,产生挥发性脂肪酸(VFA)、CO_2、CH_4 以及合成菌体蛋白质和 B 族维生素,可为机体所利用。微生物消化主要是在反刍动物瘤-网胃和单胃草食动物的大肠中进行。

5.5.1　反刍动物前胃内的消化

反刍动物具有庞大的复胃,由瘤胃、网胃、瓣胃和皱胃四个室构成。前三个胃的黏膜无腺体,不分泌胃液,合称前胃,饲料内可消化的干物质 70% ~ 80% 在此消化。

1)瘤胃

(1)瘤胃内微生物生存的条件　瘤胃内的环境是适于瘤胃微生物活动的良好场所。

①丰富的营养物质和水分稳定地进入瘤胃,供给微生物繁殖所需的营养物质和充足的水。

②离子强度在最佳范围内,使瘤胃中渗透压维持于接近血浆水平。

③温度适宜,通常为 38 ~ 41 ℃。

④瘤胃背囊气体多为二氧化碳、甲烷及少量氮、氢等。随饲料进入的一些氧气,也很快会被微生物利用,形成了高度厌氧环境。

⑤饲料发酵产生大量挥发性脂肪酸和氨不断地被吸收入血,或被碱性唾液所缓冲,使 pH 值维持在 6 ~ 7。

⑥瘤-网胃周期性的运动可使内容物充分混合,并将未被消化的食糜和微生物排到后段消化道。总之,瘤胃内环境经常保持着相对稳定状态,适于厌氧微生物生存和繁殖。

（2）瘤胃内微生物的种类和作用　在通常的饲养条件下,瘤胃中的微生物主要是厌氧的纤毛虫和细菌,种类繁多,并随饲料性质,饲喂制度和动物年龄的不同而发生变化。据统计,1 克瘤胃内容物中,含细菌为 150 亿～250 亿个,纤毛虫为 60 万～180 万个;尽管纤毛虫的数量比细菌少得多,但由于个体大,在瘤胃内所占容积与细菌相当。微生物总体积占瘤胃液的 3.6%。

（3）瘤胃内微生物的消化与代谢　饲料进入瘤胃后,在瘤胃微生物作用下,发生一系列复杂的消化和代谢过程,产生挥发性脂肪酸,合成微生物菌体蛋白、糖原和维生素等,供机体利用。

①纤维素、淀粉、葡萄糖的发酵。反刍动物饲料中的纤维素、半纤维素、淀粉、果聚糖、戊聚糖、蔗糖和葡萄糖等,它们均可被瘤胃微生物发酵而分解。

反刍动物所需糖的来源主要是纤维素,在瘤胃中发酵的纤维素占总纤维素的 40%～50%。发酵的进行主要靠瘤胃中纤毛虫和细菌的纤维素分解酶。纤维素和半纤维素等在分解发酵过程中,首先生成纤维二糖,再分解为葡萄糖。葡萄糖还继续分解,经乳酸和丙酮酸阶段,最终生成挥发性脂肪酸(主要是乙酸、丙酸、丁酸)、甲烷和二氧化碳。

在反刍动物和其他草食动物中,挥发性脂肪酸是主要能源物质。以牛为例,一昼夜挥发性脂肪酸提供 25 121～50 242 kJ 能量,占机体所需能量的 60%～80%。挥发性脂肪酸在瘤胃内的含量约为 90～150 mmol/L。

乙酸、丙酸、丁酸的生成速度反应到它们在瘤胃液的相应浓度上,其先应浓度对营养和代谢有重要影响,通常乙酸、丙酸、丁酸的比例是 70∶20∶10,但随饲料的质量、种类而变化,如日粮中精料多时,丁酸的比例升高;粗饲料多时,乙酸比例升高。

②蛋白质消化和代谢。反刍动物蛋白质代谢过程中最大特点是除可利用饲料的蛋白质外,还可利用非蛋白氮,形成微生物蛋白质,成为反刍动物的重要蛋白质来源。

进入瘤胃的饲料蛋白,一般有 30%～50% 未被瘤胃微生物分解而排入后段消化道,其余则在瘤胃内被微生物蛋白酶水解为游离氨基酸和肽类,随后被微生物脱氨基酶分解,生成氨、二氧化碳和短链脂肪酸。因此,瘤胃液中的游离氨基酸很少。畜牧生产中将饲料蛋白质用甲醛溶液或加热法进行预处理后饲喂牛、羊,可以保护蛋白质,避免瘤胃微生物的分解,从而提高蛋白质日粮的利用率。在可利用糖充足的情况下,许多瘤胃微生物,包括那些能利用肽的微生物在内,也可以利用氮合成蛋白质。这样,瘤胃中的非蛋白氮物质如尿素,铵盐和酰胺等被微生物分解产生氨,也用于合成微生物蛋白质(见图 5.10)。

氨基酸分解所产生的氨,以及微生物分解饲料中的非蛋白含氮物如尿素、铵盐、酰胺等所产生的氨,除了一部分被细菌用作氮源,合成菌体蛋白,另一部分被瘤胃上皮迅速吸收,并在肝脏中经鸟氨酸循环生成尿素。一部分尿素能通过唾液分泌或直接通过瘤胃上皮进入瘤胃,并被细菌分泌的尿素酶重新分解为二氧化碳和氨,可被瘤胃微生物再利用,通常将这一循环过程称为尿素再循环,部分尿素随尿排出体外。尿素再循环对于提高饲料中含氮化合物的利用率具有重要意义,尤其在低蛋白日粮的条件下,反刍动物依靠尿素再循环可以节约氮的消耗,保证瘤胃内氮的浓度,利于瘤胃微生物菌体蛋白的合成,同

时使尿中尿素的排出量降到最低水平。

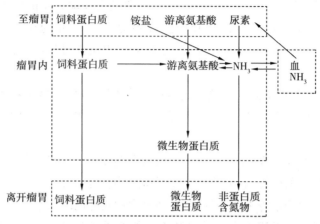

图 5.10　含氮物质在瘤胃内的消化和代谢

畜牧生产中,尿素可用来代替日粮中约30%的蛋白质。但是尿素在瘤胃内脲酶作用下迅速分解,产生氨的速度约为微生物利用速度的4倍,所以必须降低尿素的分解速度,以免瘤胃内氨储积过多发生氨中毒和提高尿素利用效率。目前除了通过抑制脲酶活性、制成胶凝淀粉尿素或尿素衍生物使释放氨的速度延缓外,日粮中供给易消化糖类,使微生物更多利用氨合成蛋白质也是一种必要手段。

③脂肪的消化和代谢。饲料中的脂肪大部分能被瘤胃微生物彻底水解,生成甘油和脂肪酸,其中的甘油多半又被发酵成丙酸,少量被转化成琥珀酸或乳酸;由脂肪水解生成的脂肪酸和来自饲料中的脂肪酸,一般不再被细菌分解,而将来源于甘油三酯的不饱和脂肪酸加水氢化,转变成饱和脂肪酸。细菌还能合成磷脂。单胃动物体脂中饱和脂肪酸占36%,而反刍动物则高达55%～62%。

细菌还能合成少量特殊的长链或短链的奇数碳脂肪酸、支链脂肪酸,以及脂肪酸的各种反式异构体和立体异构体。

瘤胃微生物的脂肪酸合成受饲料成分的制约,当饲料中脂肪含量少时,合成作用增强;反之,当饲料脂肪含量高时,会降低脂肪酸的合成作用。瘤胃微生物不能贮存甘油三酯,脂肪酸主要是以膜磷脂或游离脂肪酸形式存在。

④维生素合成。瘤胃微生物能合成多种B族维生素和维生素K,其中硫胺素多存在瘤胃液中,40%以上生物素、吡哆醇和泛酸存在于微生物体表,而叶酸、核黄素、尼克酸和维生素 B_{12} 等大都存在于微生物体内。

幼龄反刍动物,由于瘤胃发育不完善,微生物区系不健全,有可能患B族维生素缺乏症;在成年反刍动物,当日粮中钴缺乏时,瘤胃微生物不能合成足够的维生素 B_{12},于是出现食欲抑制,幼龄动物生长不良等症状。

(4)瘤胃-网胃的吸收　前胃消化和代谢过程中的产物,如葡萄糖、有机酸、氨、无机盐及大量水分,通过前胃的胃壁吸收进入血液供机体利用,并借以维持瘤胃内容物成分的相对稳定。

（5）气体的产生　在瘤胃微生物强烈发酵的过程中,不断产生大量气体。牛一昼夜产生气体 600～1 300 L,主要是二氧化碳和甲烷,还有少量的氮和微量的氢、氧和硫化氢,其中二氧化碳占 50%～70%,甲烷占 30%～40%。气体的产量和组成,随饲料种类、饲喂时间的不同而有显著的差异。

2）瓣胃

反刍动物的瓣胃在生长中,发育很迅速。出生后 10～150 d 犊牛的瓣胃容积可增大几十倍。

瓣胃内容物含干物质约 22.6%,含水量比瘤胃和网胃内容物少(瘤胃含干物质约 17%,网胃 13%),颗粒也较小,直径超过 3 mm 的不到 1%,而小于 1 mm 的约占 68%。pH 值平均为 7.2(6.6～7.3)。

来自网胃的流体食糜被瓣胃接受,这类食糜含有许多微生物和细碎的饲料以及微生物发酵的产物。当这些食糜通过瓣胃的叶片之间时,大量水分被移去,因此,瓣胃起了滤器作用,截留于叶片之间的较大食糜颗粒,被叶片的粗糙表面揉捏和研磨,使之变得更为细碎。瓣胃内约消化 20% 纤维素,吸收约 70% 食糜的 VFA。

3）前胃运动及其调节

成年反刍动物的前胃能自发地产生周期性运动,其各部分的运动在神经和体液因素的调控下,密切联系、相互配合、协调运动。

（1）网胃、瘤胃的运动

整个前胃运动从网胃两次收缩开始。第一次收缩程度较弱,只收缩一半,然后舒张(牛)或不完全舒张(羊),此收缩作用使漂浮在网胃上部的粗糙饲料压向瘤胃;第二次收缩十分强烈,其内腔几乎消失(见图 5.11),此时网胃如有铁钉等异物,易造成创伤性网胃炎或网胃心包炎。网胃的这种两次收缩大约每 30～60 s 重复一次,反刍时,在两次收缩之前还出现一次额外的附加收缩,使胃内食物逆呕回口腔。在网胃收缩时,其中一部分内容物被逐至瘤胃前而另一部分则进入瓣胃。

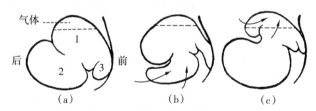

图 5.11　瘤胃、网胃运动简图

（a）全部舒张,休息　（b）背囊舒张,腹囊收缩　（c）背囊收缩,腹囊舒张,网胃收缩

1—背囊　2—腹囊　3—网胃

瘤胃收缩可用触摸或听诊的方法在牛左肋部感觉到(或听到)。正常的瘤胃运动次数休息时平均约 1.8 次/min,进食时次数增多,平均约 2.8 次/min,反刍时约 2.3 次/min。每次瘤胃运动的持续时间约 15～25 s。

（2）瓣胃运动

瓣胃运动是与瘤胃运动相协调的，网胃收缩时，网瓣胃口开放，特别是在网胃第二相收缩时，网瓣胃口开放，此时一部分食糜由网胃快速流入瓣胃。食糜进入瓣胃后，瓣胃沟首先收缩，使其中的液态食糜由瓣胃移入皱胃，而固态食糜则被挤进瓣胃的叶片之间，在瓣胃收缩时可进一步对其进行机械磨碎。

（3）前胃运动的调节

反刍动物的胃运动也像单胃动物一样，具有自动节律性。在正常情况下，这种节律性受神经系统的调节，其基本中枢位于延髓，高级中枢位于大脑皮层，中枢的传出冲动经迷走神经和交感神经传到前胃，支配其节律性活动。各种体液因素也参与胃运动的调节。

4）反刍

反刍是指反刍动物将没有充分咀嚼而咽入瘤胃内的饲料经浸泡软化和一定时间的发酵后，在休息时返回口腔仔细咀嚼的特殊消化活动。反刍分为4个阶段：逆呕、再咀嚼、再混入唾液和再吞咽。

反刍的生理意义在于动物可以在短时间内尽快地摄取大量食物，贮存于瘤胃中，然后在休息时将食物逆呕回口腔，充分咀嚼。是反刍动物在进化中逐渐发展起来的一种生物学适应，借以避免在采食时受到各种肉食动物的侵袭。其功能是将饲料嚼细并混入大量唾液，以便更好地消化。

在个体发育的过程中，反刍动作的出现是与摄取粗饲料相联系的。犊牛大约在出生后的20～30周龄开始选食青草，瘤胃也开始具备发酵的条件，这时动物开始出现反刍。成年牛喂饲干草时，每天反刍时间可长达8 h；如喂饲切碎的干草或精饲料，反刍时间明显缩短。反刍动物一般在采食后0.5～1 h开始反刍，每次反刍通常可持续40～50 min，然后间歇一段时间再开始下次反刍。成年牛每昼夜大约进行6～8次反刍，幼龄动物次数更多。反刍易受环境的影响，惊恐、疼痛等因素可干扰反刍，使反刍抑制；发情期、热性病和消化异常时，反刍减少。因此，正常的反刍是反刍动物健康的标志之一。

5）嗳气

瘤胃中产生气体的去向，有以下几种途径：

①约1/4通过瘤胃壁吸收入血后经肺排出。

②一部分为瘤胃微生物所利用。

③小部分随饲料残渣经胃肠道排出。

④大部分是靠嗳气排出。

瘤胃中气体部分通过食管向外排出的过程，称为嗳气。牛嗳气17～20次/h。嗳气的次数决定于气体产生的速度，正常情况下瘤胃中所产生的气体和通过嗳气等所排出的气体之间维持相对平衡；如产生的气体过多，不能及时排出，可形成瘤胃急性臌气。牛的嗳气频率大约是0.6次/min。

6）食管沟（网胃沟）反射

网胃沟起始于贲门，向下延伸至网-瓣胃间孔。网胃沟实质上是食管的延续，收缩时呈管状，起着将乳汁或其他液体食物自食管输往瓣胃沟和皱胃的通道作用。

食管沟反射与吞咽动作是同时发生的，感受器分布在唇、舌、口腔和咽部的黏膜上，传入神经为舌咽神经、舌下神经和三叉神经的咽支，反射的中枢位于延髓内，与吸吮中枢紧密相关；传出神经为迷走神经，若切断两侧迷走神经，网胃沟闭合反射就会消失。幼龄动物哺乳时，吸吮动作可反射性地引起食管沟的两唇闭合成管状，形成将乳汁通向皱胃的直接通道。这种反射活动在断奶后伴随年龄的增长逐渐减弱以至消失，但如果一直连续喂奶，则到成年时仍可保持幼年时的机能状态。

7）皱胃

皱胃的结构和功能同非反刍动物的单胃类似。

（1）消化液的分泌　皱胃是反刍动物胃的有腺部分，分胃底和幽门两部。胃底腺分泌的胃液为水样透明液体，含有盐酸、胃蛋白酶和凝乳酶，并有少量黏液，含干物质约1%，酸性，自由采食的绵羊 pH 为 1.05～1.32，幽门腺分泌量很少，并且呈中性或弱碱性反应，含少量胃蛋白酶原。与单胃比较，皱胃液的盐酸浓度比较低些，凝乳酶含量较多，而牛的含量更多。皱胃的胃液是连续分泌的，这与反刍动物的食物由瓣胃连续进入皱胃有关，绵羊胃底部一昼夜约分泌 4～6 L 胃液。

皱胃胃液的酸性，不断地杀死来自瘤胃的微生物，微生物蛋白质被皱胃的蛋白酶初步分解。

（2）皱胃的运动　在胃体部处静止状态时，幽门窦出现强烈的收缩波，半流体的皱胃内容物随幽门运动而排入十二指肠。绵羊的皱胃食糜从幽门间歇地排入十二指肠，一次约 30～40 mL，一昼夜总量约 8.5～10 L。由于十二指肠有时出现逆蠕动，绵羊有 10%（山羊为 40%）食糜向皱胃回流。

由前胃流入皱胃的食糜速率，受副交感神经的反射性调节。瘤胃内容物容积增加反射性引起瓣胃流入皱胃的食糜量增多，当皱胃被来自前胃的食糜充满时，则抑制食糜继续流入；同样，食糜流入十二指肠刺激该区的容积和化学感受器反射性抑制食糜通过。

5.5.2　大肠内的消化

食糜经小肠消化吸收后，其残余部分逐渐进入大肠。肉食动物的消化吸收过程在小肠内已经基本完成，大肠的基本功能主要是吸收水分和形成粪便。草食动物，特别是单胃草食动物的大肠内容物中还含有较为丰富的营养物质，因而大肠内仍有较为强烈的消化活动，并且在整体消化活动中占相当重要的地位。反刍动物和杂食动物的大肠消化也有一定的作用。

大肠液是由大肠黏膜表面的柱状上皮细胞及杯状细胞分泌的富含黏液和碳酸氢盐的液体，其 pH 值为 8.3～8.4。碳酸氢盐的作用在于中和大肠内发酵产生的酸，这在草食

和杂食动物尤为重要。黏蛋白的作用是润滑粪便和保护大肠黏膜不被粗糙的消化残渣所损伤。

(1)肉食动物大肠内的消化

食糜中没有被小肠消化吸收的蛋白质,可以被大肠中的腐败菌分解生成吲哚、粪臭素(甲基吲哚)、酚、甲酚等有毒物质,这些物质一部分由肠黏膜吸收入血液,在肝脏内经解毒后随尿排出体外;另一部分则随粪便排出。

小肠内没有被消化完全的脂肪和糖类,在大肠内也经细菌作用,脂肪分解成脂肪酸及甘油;糖类分解为单糖及其他产物,如草酸、甲酸、乙酸、乳酸、丁酸以及二氧化碳、甲烷、氢气等。大肠的运动与小肠运动相似,但速度比小肠慢,强度也较弱。

(2)草食动物大肠内的消化

单胃草食动物大肠内微生物的消化特别重要,尤其是马属动物和兔等,饲料中的纤维素等多糖类物质的消化和吸收,全靠微生物的作用。

大肠(尤其是盲肠)的容积很大,与反刍动物的瘤胃一样,具有微生物生长、繁殖的良好条件。可溶性糖(淀粉,双糖)和大多数不溶性的糖(纤维素和半纤维素)以及蛋白质是大肠内微生物发酵的主要物质,与反刍动物相比,马属动物大肠内微生物蛋白质合成效率较低,而且多数微生物蛋白不能像反刍动物那样有效地消化吸收。蛋白质被大肠内的腐败菌作用,产生吲哚、甲基吲哚(粪臭素),酚、胺类等有毒物质,这些物质小部分被大肠黏膜吸收,在肝脏经解毒随尿排出,大部分随粪便排出。在大肠内微生物发酵和腐败过程中,还产生硫化氢、二氧化碳、甲烷、氢等,其中一部分经肛门排出,一部分通过肠黏膜吸收入血,再经肺呼出。此外,大肠微生物还能合成维生素 B 族和 K,并被大肠黏膜吸收供机体利用。大肠壁还能排泄 Ca,Mg,Fe 等矿物质。兔有吞食自己排出软粪的习性,使未被消化吸收的养分再一次得到利用来减少养分的损失。

(3)杂食动物大肠内消化

猪用植物性饲料饲喂时,其大肠内的消化过程与草食动物相似,即微生物的消化作用占主要的位置,1 g 盲肠内容物中含有细菌 1 亿~10 亿,以乳酸杆菌和链球菌占优势,还有大量大肠杆菌和少量其他类型细菌。

猪对饲料中粗纤维的消化,几乎完全靠大肠内纤维素分解菌的作用,不过纤维素分解菌必须与其他细菌处于共生条件下,才能更有效地发挥作用。

大肠内的细菌在分解蛋白质、多种氨基酸及尿素,产生氨、胺类及有机酸的同时,还能合成 B 族维生素和高分子脂肪酸。另外,亦可排泄 Ca,Mg,Fe 等矿物质。

5.6　吸　收

饲料消化后的产物及、盐类等,透过消化道黏膜的上皮细胞,进入血液和淋巴的过程称为吸收。在正常情况下,口腔和食管基本上没有吸收功能,胃仅能吸收少量的水和酒精。小肠是吸收的主要部位,大部分营养成分在小肠内已吸收完毕,小肠内容物进入大肠时已经不含有多少可被吸收的物质了,大肠主要吸收水分和盐类。

5.6.1　吸收的部位

消化管不同部位的吸收能力有很大差异,这主要与消化管各部位的组织结构、食物在该部位停留时间的长短和食物被分解的程度等因素有关。

1)胃

单胃动物胃内营养成分吸收很少,只吸收乙醇、少量的水分和无机盐。反刍动物的前胃能吸收挥发性脂肪酸、二氧化碳、氨、各种无机离子和水分。

2)小肠

小肠是吸收的主要部位。一般认为,糖类蛋白质和脂肪的消化大部分是在十二指肠和空肠被吸收,而回肠能主动吸收胆盐和维生素 B_{12}。小肠能吸收各种营养物质是与其结构相关的;小肠黏膜表面遍布环状皱褶,上有密集的长 $1 \sim 1.5~\mu m$、宽约 $0.1~\mu m$ 指状突起——绒毛,每一条绒毛的表面被覆一层柱状上皮细胞,称为绒毛细胞,每个绒毛细胞肠腔面的细胞膜向外突出,形成许多微绒毛,使小肠的吸收面积增加了数十倍以至数百倍。据估计,小肠的吸收面积,马为 $12~m^2$,牛为 $17~m^2$,猪为 2.8 m^2,狗为 $0.52~m^2$,猫为 $0.129~m^2$;小肠除具有巨大的吸收面积外,食糜在小肠内停留时间长,以及食糜在小肠内已被消化到适于吸收的小分子物质,这些都是小肠在吸收中的有利条件(见图 5.12)。

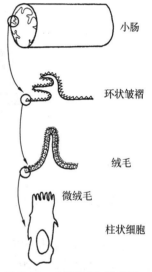

图 5.12　小肠皱褶、绒毛及微绒毛模式图

小肠绒毛的内部有丰富的毛细血管网和一根以盲端起始的中央乳糜管,流入黏膜肌内侧的淋巴丛中,与乳糜管相平行的有平滑肌纤维,联接黏膜肌层。肌纤维一伸一缩与肠的运动相配合,使中央乳糜管相应张缩,促进吸收。绒毛的基底有小动脉分支成毛细血管而入绒毛内,围绕中央乳糜管再至上皮细胞下,渐次集合到基部而成静脉,所吸收的养分有的就进入毛细血管。

养分进入绒毛后,由淋巴及血液两路进入体循环。绒毛的中央乳糜管通到黏膜下层处,与淋巴管丛汇合;淋巴管丛具有众多的活瓣,只准淋巴液单向流向大淋巴管,而不能逆退,于是养分由肠壁流入肠系膜的乳糜管,经淋巴管而入乳糜池,而后经胸导管流入腔静脉。

肠黏膜下的毛细血管(包括绒毛中的),渐次汇聚成小静脉及静脉,然后流入门静脉内;门静脉血液入肝后,与来自肝动脉的血液混合,再由肝静脉将肝内血液流到后腔静脉,绝大部分的蛋白质、糖类及无机盐消化后都经这条途径吸收。

3)大肠

肉食动物的大肠除结肠的起始部吸收水和部分电解质外,其他部分吸收能力是很有

限的。所有草食动物和猪的大肠很适合于吸收,尤其是马属动物的大肠,不单是吸收盐类和水分,还吸收纤维素发酵所产生的挥发性脂肪酸、CO_2 和 CH_4 等气体。

5.6.2 各种营养物质的吸收

各种营养物质的吸收主要是在小肠内进行的。

1)糖的吸收

糖以单糖形式被吸收,主要的单糖是葡萄糖、少量半乳糖、果糖。糖在胃中几乎不吸收,在小肠几乎完全被吸收,吸收后入肝(见图 5.13)。

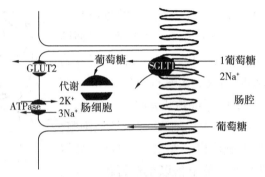

图 5.13　肠道中葡萄糖的吸收

吸收机制:单糖的吸收是靠载体系统进行的,这种转运具有高度特异性,它使糖的吸收能逆浓度差进行。

钠泵:实际上就是镶嵌在膜的脂质双分子层中的一种特殊蛋白质,它本身具有 ATP 酶的活性,可以分解 ATP 获得能量,并用此能量进行 Na^+,K^+ 的主动转运,因此钠泵就是这种被称为 Na-K 依赖或 ATP 酶的蛋白质。

载体蛋白在转运糖时,必须先携带 Na^+,才能与单糖分子结合形成钠泵复合物,当其透过细胞膜入胞浆后释放出糖,Na^+ 然后通过钠泵放出 Na^+ 并耗能。细胞内糖靠扩散方式透过绒毛内的毛细血管,在各种单糖中,己糖吸收最快,戊糖吸收最慢,在己糖中又以半乳糖和 G 吸收最快,果糖次之,甘露糖最慢。

葡萄糖(或半乳糖)的吸收是与 Na^+ 耦联的,二者共同使用位于肠黏膜上皮纹状缘上的一种载体蛋白。由于肠腔中 Na^+ 的浓度高于细胞内的,Na^+ 可与载体蛋白结合顺浓度差而进入细胞,只要肠腔中保持着高浓度的 Na^+,就可带着葡萄糖主动地转运入细胞,直到肠腔中的葡萄糖全部运完。当 Na^+ 和葡萄糖进入细胞后,就与载体脱离,Na^+ 可借细胞侧膜上的钠泵主动转运于细胞间隙。葡萄糖分子则以扩散方式通过侧膜和底膜出细胞。肠腔中的果糖可能是通过易化扩散转运入绒毛上皮。

反刍动物的小肠食糜内含葡萄糖量很少,在前胃内大量糖类被细菌转化为有机酸,部分呈挥发性脂肪酸而被吸收。

2)挥发性脂肪酸(VFA)的吸收

瘤胃是 VFA 的主要吸收部位。瘤胃内生成的 VFA 主要以酸性的离子形式被吸收,约80%经瘤胃壁、网胃壁吸收,而其余 VFA 在瓣胃和真胃吸收。不同种类的 VFA 分子大小不同,其吸收速度不一,在瘤胃 pH 值≥7 时,乙酸>丙酸>丁酸,而 pH 值<7 时,速度相反。单胃动物饲料中淀粉中糖经消化所产生的葡萄糖,其中大部分可为小肠壁所吸收,剩余部分可被细菌分解而产生有机酸,其中包括挥发性脂肪酸(乙酸、丙酸、丁酸)及乳酸;小肠中未被消化的淀粉和葡萄糖当转移到大肠(盲肠、结肠)中时亦会受到细菌的分解而产生挥发性脂肪酸和气体。经消化道吸收入体内的营养物质首先经过肝脏代谢,后进入后腔静脉,经肺循环进入动脉血流分布至外周体组织,而进入门静脉血流的丙酸、丁酸几乎全部为肝脏代谢,在动脉血流中浓度很低。

3)蛋白质的吸收

蛋白质经过消化绝大部分变成肽和氨基酸,被肠绒毛上皮细胞吸收进入毛细血管,再经门静脉到达肝脏。氨基酸的吸收是主动过程,机制和糖吸收相似,也与 Na^+ 吸收相耦联的,在小肠黏膜上有能分别转运中性、酸性、碱性和某些特殊中性氨基酸、二肽、三肽的载体。中性氨基酸比酸性氨基酸吸收快。由于肽进入上皮后立即被胞内酶水解为氨基酸,这样通过门静脉吸收氨基酸,再进入血液循环。在某些情况下,肠黏膜形态发生改变,一些小分子蛋白质可通过胞饮被吸收。例如,新生羔羊、仔猪、牛犊、马驹等,可完整地吸收免疫球蛋白,从而获得被动免疫能力。这种能力出生后逐渐下降,甚至有的 24～36 h 消失。有些成年动物,因某种原因肠黏膜结构改变后吸收天然蛋白质,就会造成过敏反应。

4)脂肪的吸收

饲料中的脂肪在小肠中消化产生游离脂肪酸、甘油一酯、胆固醇等很快与胆汁中的胆盐形成混合微胶粒,由于胆盐也具有亲水性,它能携带着脂肪的消化产物通过覆盖在小肠绒毛表面的静水层而靠近上皮细胞。在这里,甘油一酯、脂肪酸和胆固醇凭借单纯扩散方式进入上皮细胞;中短链脂肪酸(碳原子数少于 10～12 个)被吸收后,可以直接透出上皮细胞进入血液循环,甘油一酯和长链脂肪酸(碳原子数大于 10～12 个)被吸收后,进入细胞间液,再扩散入淋巴循环而归于血液。由于饲料中动、植物脂肪中含有 12 个以上碳原子的长链脂肪酸很多,所以脂肪的吸收方式以淋巴为主。

总之,脂肪的吸收可经淋巴和血液两条途径。短、中链脂肪酸和甘油进入门静脉运输;乳糜微粒(中性脂肪)及多数长链脂肪酸则由淋巴途径进入血液。

5)维生素的吸收

(1)水溶性维生素的吸收　包括 B 族维生素和维生素 C,一般是以简单的扩散方式被吸收的。

(2)脂溶性维生素的吸收　脂溶性维生素全部在小肠内吸收,而以十二指肠和空肠吸收为主,包括维生素 A、D、E 和 K。它们能溶于脂肪,吸收机制与脂类相似,以单纯扩散的方式进入上皮细胞。维生素 D、K 和胡萝卜素(维生素 A 的前体),需要与胆盐结合进入小肠黏膜表面的静水层方可吸收。

6）无机盐的吸收

盐类的吸收主要在小肠内，一般而言，肠管对无机盐的吸收具有选择性。一价碱盐如钠、钾、铵盐的吸收很快，多价碱性盐类则吸收很慢。凡能与钙结合而形成沉淀的盐，如硫酸盐、磷酸盐、草酸盐等则不能吸收。

（1）Na^+的吸收　Na^+占体液中阳离子总量的90%以上，肠内容物中95%～99% Na^+被吸收。空肠对 Na^+吸收最快，回肠次之，结肠最慢，瘤胃壁对钠具有高度通透性，也是经由被动扩散进入瘤胃上皮细胞，然后通过钠泵离开上皮细胞进入血液。

（2）Ca^{2+}的吸收　Ca^{2+}的吸收部位在小肠和结肠。十二指肠对 Ca^{2+}的吸收最强。Ca^{2+}的吸收较 Na^+慢，绝大部分是在小肠前段通过肠黏膜微绒毛上的 Ca^{2+}结合蛋白主动转运来吸收的，部分通过扩散。此外，维生素 D 可促进 Ca^{2+}的吸收，钙盐只有在水溶性状态下，且不被肠腔中的其他物质（如草酸盐、磷酸盐等）沉淀时，才能被吸收。pH 值约为3时，钙呈离子状态最好吸收。钙磷比例为 1∶1 或 2∶1 时，Ca^{2+}吸收最强。如果饲料中磷的比例过高，则易形成不溶性磷酸钙，Ca^{2+}则不能被吸收。

（3）铁的吸收　铁在十二指肠和空肠前段吸收。饲料中的铁多数是三价高铁形式，但需还原为亚铁才能被吸收。

7）水的吸收

动物每天都有大量的消化液和有饮水进入胃肠道，但随粪便排出的水却很少，大量的水分是在肠内吸收的。例如，胃肠道内食糜量牛约 250 L；猪 75 L；其中水分约占93%～94%。而随粪便排出的水分牛 25 L，猪 2 L 左右，可见肠吸收水分的功能是很强的。水主要被小肠和大肠吸收，胃吸收很少。

复习思考题

1. 消化道平滑肌的生理特性有哪些？
2. 简述胃液的主要成分及作用。
3. 胃和小肠的运动形式有哪几种？
4. 简述胆汁的成分及其在消化中的作用。
5. 简述各种营养物质的吸收过程。

第6章
泌尿生理

本章导读：了解机体排泄的途径、肾的结构特点及肾的血流特征。熟悉尿的生成及影响因素、尿的浓缩与稀释、尿生成的调节和排尿的过程。能根据影响尿液生成及排出的因素，掌握诊断泌尿系统疾病的技能。

排泄是指机体代谢过程中所产生的各种不能为机体所利用或者有害的物质向体外输送的生理过程。被排出的物质一部分是营养物质的代谢产物；另一部分是衰老的细胞破坏时的产物；此外，排泄物中还包括一些随食物摄入的多余物质，如多余的水和无机盐类。

机体排泄的途径有如下几种：①由呼吸器官排出，主要是二氧化碳、水、挥发性药物和毒物等以蒸气形式随呼出气排出。②由大肠排泄，主要是肝脏代谢所产生的且在肠内发生了变化的胆色素以及一些无机盐类，如钙、镁、铁、药物、毒物等，它们随粪便排出。③由皮肤排泄，主要是以汗的形式由汗腺分泌排出体外，其中除水外，还含有氯化钠和尿素等。④以尿的形式由肾脏排出。

6.1　概　述

6.1.1　肾脏结构特点

肾脏主要由具有相同结构的肾单位和少量结缔组织所组成，其间有大量血管和神经纤维。各种动物肾单位数目约为：牛800万个，猪220万个，狗80万个，猫40万个。肾脏的结构与功能的基本单位称为肾单位，肾单位与集合管共同完成泌尿功能，每个肾单位由肾小体和肾小管两部分组成（见图6.1）。

1）肾小体

肾小体是由肾小球和肾小囊组成。肾小球是由毛细血管盘曲而成的血管球。

肾小球是一团毛细血管网，其两端分别与入球、出球小动脉相连。入球小动脉进入肾小球后，再反复分支，最后分成许多袢状毛细血管小叶，而毛细血管各分支间又有相互吻合支形成血管球，最后各小叶的毛细血管再汇合成出球小动脉离开肾小球。一般出球

小动脉较入球小动脉细,因而在血管球内形成较高的压力。血管球外面包有肾小囊,肾小囊有内外两层上皮细胞,两层细胞之间为肾小囊腔。肾小囊外层细胞与近曲小管上皮相连,肾小囊腔与近曲小管管腔相通(见图6.2)。

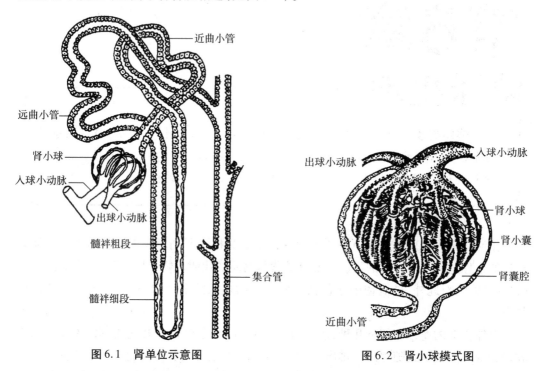

图6.1　肾单位示意图　　　　　　　　图6.2　肾小球模式图

血液内的物质流经血管球毛细血管时,必须通过毛细血管有孔的内皮、基膜、足细胞小突起间的裂孔,才能到达肾小囊,上述3层膜构成滤过膜或滤过屏障。血液经滤过膜滤出,到达肾小囊腔的液体称为原尿或肾小球滤过液。

2)肾小管与集合管

肾小管由近球小管、髓袢和远球小管组成。近球小管包括近曲小管和髓袢降支粗段。肾小管平均长30～50 mm,均由单层上皮构成。

（1）近曲小管　是肾小管中最粗的一段,盘曲在所属肾小体周围。管壁由单层立方上皮细胞组成。管腔小而不规则,是肾小管重吸收功能的重要部分。

（2）髓袢降支和升支　髓袢为"U"字形小管,由3段组成:第一段为降支粗段;第二段为细段呈"U"形;第三段为升支粗段。第一段及第二段的降支部分又统称为降支,第二段的升支及第三段又统称为升支。它们分别由扁平和立方上皮构成。

（3）远曲小管　远曲小管较短,迂回盘绕在所属肾小体附近,与近曲小管相邻。管壁由立方形上皮细胞组成,管腔大而规则,其末端与集合管相连。

（4）集合管　集合管是由皮质走向髓质锥体乳头孔的小管,沿途有许多肾单位的远曲小管与它相连,管径逐渐变粗,管壁逐渐变厚。管壁由立方或柱状上皮构成。过去认为集合管只有运输尿液的作用,现认为集合管亦有与远曲小管同样具有重吸收和分泌的功能。

6.1.2 肾脏的血液循环

1）肾的血液循环途径

肾的血液供应来自腹主动脉分出的左、右肾动脉。肾动脉在肾门处入肾，分出数支叶间动脉，走向肾锥体间的肾柱。在锥体底部附近叶间动脉分支沿髓质与皮质交界线形成与肾表面平行的弓状动脉。由弓状动脉发出分支呈放射状进入肾皮质，称为小叶间动脉，它沿途发出入球小动脉，进入肾小体形成血管球，再汇成出球小动脉离开肾小体，之后又形成球后毛细血管网，供应近曲小管和远曲小管的血液。球后毛细血管内血压低于一般毛细血管血压，有利于肾小管中的液体成分重吸收到血液中。

肾皮质的毛细血管集合成小叶间静脉，汇入弓状静脉，再汇合成为叶间静脉经肾静脉注入后腔静脉。

2）肾血液循环的功能特点

（1）肾血流量　肾血流量大，并且肾内血流分布不均。

（2）肾小球内血压　由于肾动脉直接来自腹主动脉，并且较短，阻力消耗较少，加之皮质肾单位的出球小动脉较入球小动脉细，所以肾小球毛细血管血压较高，因此称肾小球毛细血管血压为高压区。这一高压有利于血浆中的水分和其中的溶解物由肾小球过滤进入肾小囊内。

（3）肾小管周围毛细血管血压　缠绕肾小管周围的毛细血管来自出球小动脉，其血压明显降低，因此称肾小管周围毛细血管为低压区。加之在肾小球处水分滤出而蛋白质保留，使低压区的血浆胶体渗透压升高，这两者有利于将肾小管中的液体重吸收入毛细血管中。

6.2 尿的生成

尿的生成是由肾单位和集合管完成的，即入球小动脉的血液经过肾小球滤过作用，形成的滤过液（一般称为原尿），再经过肾小管和集合管的重吸收作用以及分泌（或排泄）作用，最终形成尿液（终尿）排出。尿的生成过程包括 3 个环节：肾小球的滤过；肾小管、集合管的重吸收；肾小管、集合管的分泌和排泄（见图 6.3）。

6.2.1 肾小球的滤过作用

肾小球的结构如同微小的滤过器，由肾小球毛细血管内皮细胞层、基膜层和肾小囊脏层上皮细胞构成滤过膜。当血液流经小球毛细血管时，由于血管内的压力高于肾小

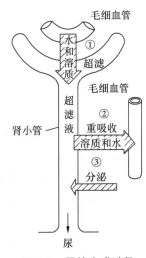

图 6.3　尿的生成过程

囊内压,血液中除血细胞和大分子的蛋白质不能滤过外,血浆中的其他成分,如水、无机盐、葡萄糖或分子量较小的血浆蛋白等,都能通过肾小球滤过膜滤入肾小囊内,形成原尿。

肾小球的滤过作用主要取决于两个因素:一为滤过膜的通透性;二是肾小球的有效滤过压。

1)滤过膜的通透性

肾小球毛细血管的内皮细胞、基膜和肾小囊的脏层细胞三者紧贴在一起,形成有通透性的膜,该滤过膜厚度不足 1 μm。毛细血管内皮细胞层厚 30 ~ 50 nm,它具有大小不等的微细小孔,孔径为 50 ~ 100 nm,因此,滤过膜有较大通透性。据测定肾小球滤过膜的通透性比机体内其他毛细血管的通透性要大 25 倍以上,为肾小球的滤过作用奠定了基础。

2)有效滤过压

肾小球滤过膜的内外两侧存在着压力差,这种压力差称为肾小球的有效滤过压,是肾小球滤过作用的动力。由于滤过膜对血浆蛋白质几乎不通透,这样原尿生成的有效滤过压只有 3 种力量的作用,即血浆胶体渗透压、肾小球毛细血管血压和肾球囊内压。肾小球毛细血管血压是推动血浆从肾小球滤出的力量(见图 6.4)。

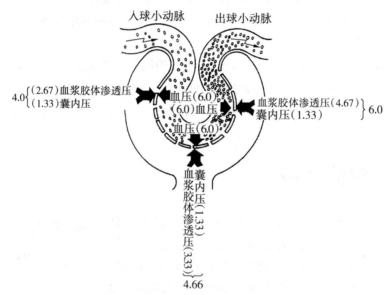

图 6.4 肾小球有效滤过压的变化示意图(单位:kPa)

肾小球毛细血管中的血浆胶体渗透压和肾小囊内压是阻碍血浆从肾小球滤出的力量。据推测,动物血浆胶体渗透压在肾小球入球动脉端约为 2.67 kPa(20 mmHg),而出球动脉端上升为 4.67 kPa(35 mmHg)。这是由于血浆流经肾小球毛细血管时其中的水和小分子晶体物质被滤过到肾小囊中,故血浆蛋白的浓度相对增大。囊内压平均为 1.33 kPa(10 mmHg)。

综上所述,肾小球有效滤过压可由下式表示:

入球端有效滤过压 = 6 kPa - (2.67 kPa + 1.33 kPa) = 2 kPa

出球端有效滤过压=6 kPa-(4.67 kPa+1.33 kPa)=0 kPa

由此表明在入球端有效滤过压为正值,可以不断地生成原尿。尽管2 kPa的有效滤过压值不高,但因滤过膜的面积大(牛可达40 m²)、通透性大、肾血流量大,故原尿生成不仅顺利,而且量也相当可观,例如一昼夜原尿生成量,牛为1 400 L,狗为50 L,绵羊为140 L。在出球端,有效滤过压为零,故无原尿生成。

3)影响滤过作用的因素

肾小球滤过作用主要受有效滤过压、滤过膜通透性和肾血浆流量的影响。

(1)有效滤过压 构成有效滤过压的三大因素中,任何一种因素改变,均可引起有效滤过压的变化,从而使肾小球滤过率发生改变。

①肾小球毛细血管血压:取决于体循环动脉血压水平及入球和出球小动脉的口径。

②血浆胶体渗透压:是由血浆蛋白形成的,正常情况下不会出现明显变动,也不会对有效滤过压造成明显的影响。当动物营养不良,血浆蛋白浓度明显减少时,血浆胶体渗透压降低,肾小球有效滤过压增加,尿量增多。临床上大量滴注生理盐水后可出现尿量增多,其原因之一是大量生理盐水进入血液后,冲淡了血浆蛋白浓度,导致有效滤过压升高,故尿量增多。

③肾小球囊内压:正常情况下较稳定,而肾结石、肿瘤或其他原因引起输尿管阻塞;某些药物在肾小管中析出;溶血过多,血红蛋白堵塞肾小管等,都会导致囊内压升高而使滤过率降低,尿量减少。

(2)滤过膜的通透性 滤过膜在原尿生成过程中起着机械屏障和电学屏障作用,正常情况下,其通透性和面积比较稳定,对肾小球滤过率的影响不大。病理情况下,例如肾小球肾炎,由于内皮细胞肿胀、基膜增厚,致使肾小球毛细血管狭窄或阻塞不通,有效滤过面积明显减少,造成肾小球滤过率显著降低,出现少尿或无尿。在缺氧或中毒时,滤过膜通透性加大,致使血细胞和血浆中大分子的物质透过滤过膜,造成血尿或蛋白尿。

(3)肾血浆流量 肾血浆流量增大,肾小球毛细血管内血浆胶体渗透压的上升速度就慢,滤过平衡就靠近出球小动脉,有效滤过压和滤过面积就增加,滤过率随之增加;反之则减小。严重缺氧、中毒性休克时,交感神经兴奋,肾血流量和血浆流量显著减少,滤过率也减小。

6.2.2 肾小管与集合管的选择性重吸收作用

原尿生成后进入肾小管中,称为小管液。小管液经过肾小管和集合管的作用后,最后从尿道排出称为终尿。终尿与原尿成分有明显的差别。从数量上看,牛每天两侧肾脏产生的原尿有1 400 L,而牛每天排出的终尿量只有6～20 L,终尿量仅占原尿量的1%。从化学成分上看,原尿中的微量蛋白质、葡萄糖在终尿中完全不存在;Na⁺和Cl⁻等在终尿中有所增加;钾盐、磷酸盐等盐类含量、尿酸、尿素、肌酐和氨的含量要比原尿中的浓度大几倍甚至几十倍。这说明99%的原尿流经肾小管和集合管时,原尿中的物质不同程度地

被肾小管壁上皮细胞重吸收回血液。故把肾小管和集合管上皮细胞将小管液中的物质转运回到血液的过程,称为肾小管和集合管的重吸收作用,而且这种重吸收作用具有明显的选择性。

1) 几种主要物质的重吸收

(1)葡萄糖的重吸收 葡萄糖仅限于在近球小管全部被重吸收。葡萄糖的重吸收是逆浓度差进行的,是由肾小管细胞膜上的载体主动转运的。被重吸收的葡萄糖量,随血液中糖的浓度逐步升高而增加,但近球小管对葡萄糖的重吸收不能超过一定限度,这个限度可称为最大转运量。当血液中糖浓度逐渐增加到 200 mg/100 mL 时,尿中则开始出现葡萄糖,这说明这个浓度是葡萄糖的肾排泄阈值或最大吸收阈值,称为肾糖阈。在血液中的葡萄糖超过最大转运量的限度时,则产生糖尿。

(2)氨基酸的重吸收 当滤液中的蛋白质和氨基酸流经近球小管时被完全吸收。其转运方式是由近曲小管上皮细胞以胞饮方式被重吸收,这种转运方式属于主动转运。

(3)Na^+的重吸收 近球小管是 Na^+ 的主要重吸收部位,吸收的量占 $65\% \sim 70\%$。近曲小管对 Na^+ 的重吸收,常以"泵-漏模式"的重吸收机制来解释:当小管液中 Na^+ 浓度较高时,Na^+ 先以易化扩散形式顺着浓度差和电位差被动转运进入细胞内,然后被侧膜上的钠泵驱出并进入细胞间隙。随着细胞间隙中 Na^+ 浓度升高,促进水也进入细胞间隙,使其中静水压逐渐上升,这一压力既可促使 Na^+ 通过基膜进入与其相邻的毛细血管,也可促使 Na^+ 经由靠近管腔膜一侧的"紧密连接"回漏小管液中(见图 6.5)。

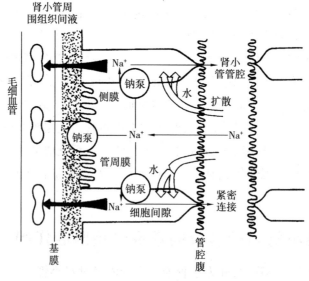

图 6.5 Na^+ 重吸收的泵-漏模式

(4)Cl^-的重吸收 在近球小管 Cl^- 的重吸收大部分是伴随着 Na^+ 的主动重吸收而被重吸收回血的。由于 Na^+ 的主动重吸收,使肾小管内外形成了电位差(管内为 -4 mV)。如将肾小管灌注液中的 NaCl 用蔗糖代替以使小管液中不含 Na^+,则管腔内负电位消失。这表明此负电位是 Na^+ 依赖性的,是基于 Na^+ 的主动重吸收而形成的。

在髓袢升支粗段,Cl^- 的重吸收正如在 Na^+ 的重吸收中所述,它是由于 Na^+ 的主动重吸收之后,导致的继发性主动重吸收。

(5)K^+ 的重吸收 每天从肾小球滤过的钾量大约为 35 g,而由终尿排出的钾量每天为 2~4 g,大致相当于滤过量的 7%。近曲小管 K^+ 的重吸收并不随 K^+ 平衡的改变而改变,也就是说,在这段中 K^+ 的重吸收既不依赖于 K^+ 的摄入量,也不依赖于 K^+ 的排出量。K^+ 在近曲小管中的重吸收机制属主动性重吸收。

(6)HCO_3^- 的重吸收 正常情况下,小管液中的 HCO_3^-,80% ~ 85% 在近球小管重吸收。由于肾小管各段细胞均可分泌 H^+,分泌的 H^+ 与小管液中的 HCO_3^- 结合生成 H_2CO_3,H_2CO_3 再分解生成 H_2O 和 CO_2。由于 CO_2 是高度脂溶性物质,能迅速通过管腔膜进入细胞生成 H_2CO_3,进而解离成 H^+ 和 HCO_3^-。H^+ 可由细胞分泌到小管液中,HCO_3^- 与 Na^+ 一起被转运回到血液中。综上所述,肾小管重吸收 HCO_3^- 是以 CO_2 的方式被重吸收的。此外,SO_4^{2-},HPO_4^{2-} 的重吸收也是与 Na^+ 重吸收相伴随的。滤液中的少量蛋白质,则是通过肾小管上皮的吞饮作用而被重吸收的(见图6.6)。

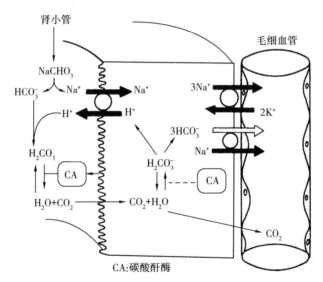

图6.6 近球小管重吸收 HCO_3^- 的机制

(7)水的重吸收 从肾小球滤过的原尿,其水分在流经肾小管和集合管时有99%被重吸收,仅有1%滤液的水分被排出体外。如果水的重吸收百分率减少1%,最后的尿量可增加1倍,说明水的重吸收与尿量关系很大。水分的重吸收是个被动渗透过程。

2)影响重吸收的因素

(1)小管液中溶质的浓度 小管液中溶质所形成的渗透压,是对抗肾小管和集合管重吸收水分的力量。如果小管液中溶质的浓度极高,或存在不能被重吸收的溶质使渗透压很高,就会阻碍肾小管和集合管对水的重吸收,使尿量增多,称为渗透性利尿。

(2)肾小管上皮细胞的机能状态 肾小管上皮细胞具有选择性重吸收作用。如因某种原因损伤肾小管功能造成某些溶质的重吸收障碍。例如,当机体根皮苷中毒时,根皮苷与转运糖的载体结合,产生竞争性抑制,可使糖的重吸收发生障碍,随尿排出的糖多,排尿量相应增加。

(3)激素的作用 抗利尿激素由下丘脑的视上核和室旁核内神经元分泌,沿下丘脑垂体束被运送到神经垂体,暂时储存并随需要而释放到血中。抗利尿激素的主要作用是增加远曲小管和集合管上皮细胞对水的通透性,促进水的重吸收。当动物大量出汗,严重呕吐和腹泻时,动物机体严重缺水,晶体渗透压升高,刺激中枢的渗透压感受器,引起抗利尿激素的分泌和释放,血中抗利尿素增加,促进水的重吸收,减少尿量,保留机体内的水分。反之,当大量饮水使血浆渗透压降低时,抗利尿激素分泌释放减少,减少水的重吸收量,使体内多余的水分随尿排出。这种因大量饮水而引起的尿量增加,叫做水利尿。当血量过多时,刺激大静脉和心房壁内的容量感受器通过神经反向调节,减少抗利尿素释放,引起利尿,排出多余水分以恢复正常血量;相反,当血容量减少时又可反射性地增加抗利尿素释放,促进水的重吸收,有利于血量恢复。

醛固酮为肾上腺皮质所分泌的一种激素。其主要作用是促进远曲小管和集合管对 Na^+ 的主动重吸收和促进 K^+ 的分泌,此即醛固酮的"保 Na^+ 排 K^+"作用。醛固酮在促进 Na^+ 重吸收的同时,也带动了远曲小管和集合管对 Cl^- 和 H_2O 的重吸收,使细胞外液增加,从而维持细胞外液中的 Na^+,K^+ 浓度和细胞外液量,对机体内水和电解质平衡具有重要的调节作用。

肾素-血管紧张素系统可刺激醛固酮分泌。当肾动脉血压下降,肾血流量减少,肾交感神经兴奋以及血中肾上腺素、去甲肾上腺素增多时,促使肾小球旁细胞分泌肾素,后者进入血液后,可将血浆中的血管紧张素原水解,使之生成为血管紧张素,刺激醛固酮分泌。血 K^+ 浓度升高或血 Na^+ 浓度降低时,醛固酮分泌增多。

6.2.3 肾小管和集合管的分泌与排泄

分泌作用是指小管上皮细胞通过新陈代谢,将其所产生的物质分泌到小管液中的过程,例如 H^+,NH_3 等的分泌。排泄作用是指肾小管和集合管上皮细胞将来自血液中的某些物质排入小管液中的过程。例如 K^+、肌酐、尿酸和进入体内的药物等的排泄(见图6.7)。

1)H^+ 的分泌

H^+ 的分泌与 HCO_3^- 的重吸收关系密切。在细胞内 CO_2 和 H_2O 在碳酸酐酶催化下生成 H_2CO_3,进而解离成 H^+ 和 HCO_3^-。H^+ 分泌入小管液中与 Na^+ 交换,Na^+ 进入细胞内与 HCO_3^- 一起被运回血液,补充了血浆碳酸氢钠含量。

肾小管和集合管上皮细胞分泌 H^+ 的活动其主要生理意义是排出酸性产物和促进 $NaHCO_3$ 的重吸收,维持血浆中碱贮量的相对恒定,调节机体的酸碱平衡。

2)NH_3 的分泌

NH_3 主要由远曲小管和集合管上皮细胞在代谢过程中产生和分泌。小管上皮细胞中有谷氨酰胺和转氨酶,可将血液中的谷氨酰胺和一些氨基酸脱氨而生成 NH_3。NH_3 是脂溶性物质,可自由通过上皮细胞膜向小管液中扩散,NH_3 分泌到管腔中与 H^+ 结合,生成 NH_4^+。

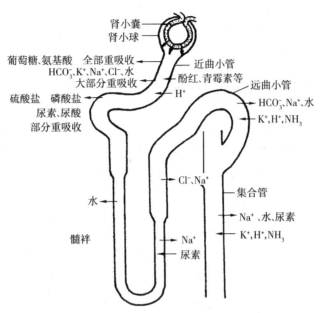

图 6.7 肾小管和集合管的重吸收和排泄示意图

NH_3 分泌的生理意义主要是参与机体内酸碱平衡的调节。

3)K^+ 的分泌

原尿中的 K^+ 在近曲小管已几乎全部被重吸收,因而一般认为尿中的 K^+ 主要是由远曲小管和集合管上皮细胞所分泌。K^+ 的分泌与 Na^+ 的重吸收有着密切联系。

6.3 尿的浓缩与稀释

尿液的浓缩与稀释是与血浆渗透压相比较而言。机体缺水时,尿的渗透浓度高于血浆渗透压,称为高渗尿,表示尿被浓缩。若饮水过多时,尿的渗透浓度低于血浆渗透压,称为低渗尿,说明尿被稀释。无论机体水分过剩或缺水,尿渗透浓度与血浆渗透压相等,为等渗尿,表明肾浓缩和稀释的能力遭到破坏。尿液的浓缩和稀释过程是肾调节体内水的平衡和维持血浆渗透压的重要途径。因此,测定尿液渗透浓度可较准确地反映肾的浓缩与稀释功能(见图6.8)。

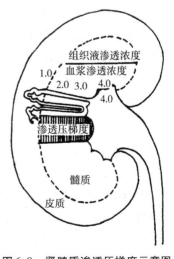

图 6.8 肾髓质渗透压梯度示意图

6.4 尿生成的调节

尿的生成依赖肾小球的滤过作用和肾小管、集合管的重吸收及分泌作用。因此,机体对尿的生成的调节也就是通过对滤过作用和重吸收、分泌作用的调节来实现的。肾小球滤过作用的调节在前文已述,本节主要论述肾小管和集合管重吸收和分泌的调节。

6.4.1 抗利尿激素的作用

抗利尿激素(ADH)是由下丘脑的视上核和室旁核的神经细胞分泌的 9 肽激素,经下丘脑-垂体束到达神经垂体后释放出来。它的作用主要是提高远曲小管和集合管上皮细胞对水的通透性,从而增加水的重吸收,使尿液浓缩,尿量减少(见图 6.9)。

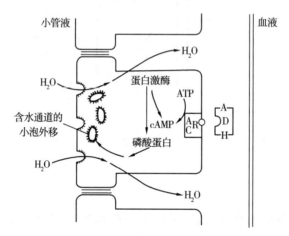

图 6.9 抗利尿激素的作用机制示意图

(1)血浆晶体渗透压的改变 下丘脑的视上核附近存在对血浆晶体渗透压改变十分敏感的渗透压感受器。尤其是对 NaCl 和蔗糖浓度的改变非常敏感。当血浆渗透压增加 1% ~2% 时,血浆中 ADH 的量增加 2 ~4 倍。大量发汗、严重呕吐或腹泻等情况使机体失水时,血浆晶体渗透压升高,可引起抗利尿激素分泌增多,使肾对水的重吸收活动明显增强,导致尿液浓缩和尿量减少。相反,大量饮水后,尿液被稀释,尿量增加,从而使机体内多余的水排出体外。

(2)循环血量的改变 循环血量的改变对 ADH 释放的影响,不如血浆渗透压变化那样敏感,当全身血量减少大于 10% 时才引起 ADH 释放的变化。血量变化通过两条途径影响 ADH 的释放,即透过心-血管反射系统和肾素-血管紧张素-醛固酮系统(R-A-A 系统)(见图 6.10)。

当血量增多时,颈动脉窦、主动脉弓的等压力感受器受到刺激。其传入冲动增多,反射性地引起 ADH 释放减少,肾重吸收水减少,排出大量的尿;反之,当血量减少时,压力感受器的刺激减弱,传入冲动减少,于是引起 ADH 分泌增加和诱起渴觉。

左心房扩展,刺激容量感受器,通过迷走神经将信息传到中枢,抑制下丘脑—垂体后叶释放抗利尿激素,尿量增加。血量减少时,出现相反的变化。动脉血压升高时,刺激颈动脉窦压力感受器,反射性地抑制抗利尿激素的释放。

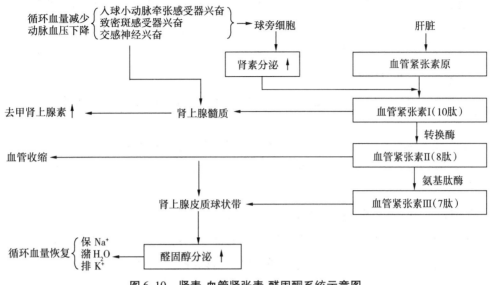

图 6.10　肾素-血管紧张素-醛固酮系统示意图

6.4.2　交感神经系统

肾交感神经兴奋通过下列作用影响尿生成:

①入球小动脉和出球小动脉收缩,前者血管收缩比后者更明显,因此,肾小球毛细血管的血浆流量减少和肾小球毛细血管的血压下降,肾小球的有效滤过压下降,肾小球滤过率减少。

②刺激近球小体中的颗粒细胞释放肾素,导致循环中的血管紧张素 Ⅱ 和醛固酮含量增加,增加肾小管对 NaCl 和水的重吸收。

③增加近球小管和髓袢皮皮细胞重吸收 Na^+,Cl^- 和水。微穿刺表明,低频率低强度电刺激肾交感神经,在不改变肾小球滤过率的情况下,可增加近球小管和髓袢对 Na^+,Cl^- 和水的重吸收。这种作用可被 α_1 肾上腺素受体拮抗剂所阻断。这些结果表明,肾交感神经兴奋时其末梢释放去甲肾上腺素。作用于近球小管和髓袢细胞膜上的 α_1 肾上腺素能受体,增加 Na^+,Cl^- 和水的重吸收。抑制肾交感神经活动则有相反的作用。

6.4.3　肾素-血管紧张素-醛固酮系统（R-A-A 系统）

肾素主要是由近球小体中的颗粒细胞分泌的。它是一种蛋白水解酶,能催化血浆中的血管紧张素原使之生成血管紧张素 Ⅰ(10 肽)。血液和组织中,特别是肺组织中有血管紧张素转换酶,转换酶可使血管紧张素 Ⅰ 降解,生成血管紧张素 Ⅱ(8 肽)。血管紧张素 Ⅱ 可刺激肾上腺皮质球状带合成和分泌醛固酮。

肾素的分泌受多方面因素的调节。目前认为,肾内有两种感受器与肾素分泌的调节

有关。一是入球小动脉处的牵张感受器,二是致密斑感受器。当动脉血压下降,循环血量减少时,肾内入球小动脉的压力也下降,血流量减少,于是对小动脉壁的牵张刺激减弱,这便激活了牵张感受器,肾素释放量因此而增加;同时,由于入球小动脉的压力降低和血流量减少,激活了致密斑感受器,肾素释放也可增加。

1)血管紧张素Ⅱ对尿生成的调节

血管紧张素Ⅱ对尿生成的调节包括:

①刺激醛固酮的合成和分泌;醛固酮可调节远曲小管和集合管上皮细胞的 Na^+ 和 K^+ 转运。

②可直接刺激近球小管对 NaCl 的重吸收,使尿中排出的 NaCl 减少。

③刺激垂体后叶释放抗利尿激素,因而增加远曲小管和集合管对水的重吸收,使尿量减少。

2)醛固酮对尿生成的调节

醛固酮是肾上腺皮质球状带分泌的一种激素。它对肾的作用是促进远曲小管和集合管的主细胞重吸收 Na^+,同时促进 K^+ 的排出,所以醛固酮有"保 Na^+ 排 K^+"作用(见图 6.11)。

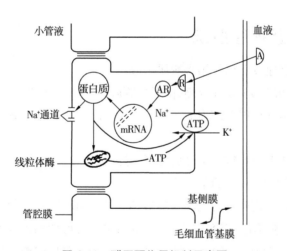

图 6.11 醛固酮作用机制示意图

6.5 排 尿

肾连续不断地生成尿液,而尿的排放是间断进行的。尿液不断经肾盂、输尿管、送入膀胱贮存,当膀胱充盈达到一定容量时,将引起排尿反射,尿液经尿道排出体外。

6.5.1 输尿管运动

肾脏生成的尿液,由开口于肾乳头的乳头管流出,进入肾盂内,当肾盂收缩时,一方面把尿送入输尿管腔,同时肾盂的收缩波传递给输尿管壁,促使输尿管的蠕动运动,进一步把尿推入膀胱。输尿管的蠕动在正常情况下是单方向的,即由肾至膀胱方向蠕动。

膀胱的逼尿肌和内括约肌受交感与副交感神经支配,副交感纤维支配膀胱,兴奋时使逼尿肌收缩,内括约肌舒张,引起排尿过程。交感神经来自胸腰髓,经腹下神经到达膀胱,这一神经在排尿机能中所起的作用不明显。

6.5.2　排尿反射

由于膀胱的充盈,经传入神经到达脊髓部排尿反射的初级中枢,然后经传出神经,引起膀胱壁的强烈收缩,外括约肌放松,会阴部肌肉松弛,尿排出体外。膀胱充盈到一定程度时膀胱内压升高,可超过 0.98 ~ 1.47 kPa,当其中容量再增多时(膀胱内压约为 4.65 kPa),刺激膀胱壁上的牵张感受器,冲动沿盆神经的传入纤维传入,至脊髓排尿的初级中枢,初级中枢传出冲动分别沿阴部神经及盆神经传至外括约肌及膀胱壁,使膀胱壁收缩内压可达到 13.3 kPa,外括约肌松弛,于是尿液被强大的膀胱内压所驱出。逼尿肌的收缩又可刺激膀胱壁的牵张感受器,又进一步引起膀胱反射性收缩,如此连续地正反馈式反射活动,直至尿液排空为止(见图 6.12)。

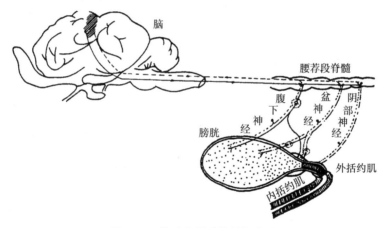

图 6.12　膀胱和尿道的神经支配

如果当时条件不适于排尿,低级排尿中枢可被大脑皮层抑制。当脊髓由于急性外伤造成完全横断后,随意排尿完全消失,膀胱逼尿肌的活动长时间中止,膀胱括约肌张力松弛,由于脊髓受损伤使排尿初级中枢与大脑皮层失去联系,排尿失去意识控制,而出现尿失禁。在脊髓损伤后括约肌的张力恢复较早,但在这阶段膀胱对充胀的反应犹如一个橡皮囊,因此膀胱虽然充满尿液却不能正常排出,产生所谓尿潴留。此时,假如不向膀胱放置导尿管,尿就难以排出,只有膀胱充胀相当程度,才发生溢流性的排出。如果尿潴留情况持续过久,将造成膀胱壁的营养障碍,易于发生感染。如果膀胱发生炎症,则可发生排尿次数过多,临床上叫做尿频。

动物排尿的地点及排尿频率,可通过调教或训练加以控制,即采用建立条件反射的方法,使动物能定时、定地点排尿,这对于便于动物饲养管理、减轻劳动强度和改善环境条件具有实际意义。

复习思考题

1. 机体的排泄途径有哪些?
2. 简述肾脏血流的特点。
3. 简述尿生成的过程。
4. 简述影响尿液生成的因素。

第7章
能量代谢与体温调节

本章导读：了解机体能量代谢及其影响因素。熟悉不同动物的正常体温。能利用体温维持和体温调节的基本规律，在生产实践中掌握不同动物的等热范围，提高动物生产性能。

动物机体在新陈代谢过程中，一方面不断从周围环境摄取营养物质以合成体内新的物质，并贮存能量；另一方面也不断分解自身原有物质，释放能量以供给各种生命活动的需要。能量代谢是指动物体内伴随物质代谢所发生的能量释放、转化、贮存和利用的过程。

动物体内具有一定的温度，这就是体温。体温既是新陈代谢的结果，又是进行新陈代谢和正常生命活动的重要条件。恒温动物的体温相对稳定，这种稳定在体温调节中枢的控制下，通过包括神经、激素、血液循环、骨骼肌等参与的自主性体温调节和行为性体温调节，从而使机体的产热和散热过程保持动态平衡。

7.1　能量代谢

7.1.1　能量的来源

太阳能是所有生物最根本的能量来源。动物机体不能直接利用外部环境中的光能、热能、电能和机械能等，动物机体所表现的各种形式的能量，都来自饲料的营养物质（蛋白质、脂肪、糖类），当其分解时，通过一系列的细胞内化学反应，最终变为热能释放出体外。根据机体所产生的热量，可以判定能量水平，并在所摄食饲料的能量值与释放热能的基础上，确定机体能量代谢平衡。

通常机体所需能量的 70% 以上由糖供给，其余由脂肪供给。只有在某些特殊情况下，如长期不能进食或体力极度消耗，而体内糖原、脂肪储备消耗枯竭时，才依靠蛋白质分解供能，以维持必要的生理活动。

营养物质充分氧化（燃烧）时，需要消耗氧，同时产生二氧化碳和释放热量。根据这一原理，应用弹式测热计测得饲料燃烧时所释放的热量，称为饲料的总能量（又称粗能，

GE）。

粗能实际上包括可消化能（DE）和粪能,粪能不仅代表饲料中未消化的成分,还包含自体内进入胃肠道而又未被吸收的物质。可消化能包含草食动物胃肠道中因发酵而丢失的能量,以及尿中未完全氧化物质的能量。

动物体可利用的能量是代谢能（ME）。代谢能是糖类、脂类和蛋白质的化学能在动物体内经氧化作用而释放出的能量。一般由可消化能减去发酵丢失的能量和尿中损失的能量而得出。代谢能可再细分为净能和特种动力作用的能量。特种动力作用的能量是营养物质参与代谢时,不可避免地以热的形式损失的能量。只有净能维持动物本身的基础代谢、随意活动、调节体温和生产。因此计算能量的平衡是畜牧实践中饲养的理论依据。

各种物质在氧化时能释放多少能量取决于该物质的化学本质。例如,1 g 葡萄糖氧化时释放的能量约为 17.15 kJ,1 g 脂肪约为 38.91 kJ。葡萄糖和脂肪在体内和体外氧化产物相同,放能也相同。蛋白质在体外彻底氧化,1 g 可放出能量约为 22.18 kJ,但在动物体内氧化不彻底,因为排出的代谢终产物尿素中含有能量,因此 1 g 蛋白质放能仅约 17.15 kJ,这一能量值与葡萄糖相当。

7.1.2 基础代谢和静止能量代谢

1）基础代谢

正常动物每天消耗的能量随着体格的大小、内外环境各种因素和生产性能的不同而异。动物在维持基本生命活动条件下的能量代谢水平,称为基础代谢。动物维持基础代谢的条件有：

①动物处于清醒状态。

②肌肉处于安静状态。

③最适于该动物的外界环境温度。

④消化道内食物空虚,即要经过一段时间的饥饿。

动物的基础代谢是在清醒、静卧、空腹和 20 ℃ 左右的环境温度等条件下测定的。以此作为判断能量代谢的标准。基础代谢的高低通常以基础代谢率来表示。基础代谢率是指动物在基本生命活动条件下,单位时间内每平方米体表面积的能量代谢,它通常是以每平方米体表面积在 1 h 内产生或散发的能量即 kJ/（1 h · m²）为单位。基础代谢条件下,动物体内释放出的大部分能量用于维持体温,约有 1/4 是维持所必需的,如血液循环、肺呼吸、膜电位和尿的生成等。

对动物测定基础代谢有很大困难,这是由于测定基础代谢的条件不易达到和掌握。如很难达到肌肉完全处于安静状态,尤其是在反刍动物即使饥饿 2～3 d 或更长时间也不出现消化道空虚。因此在实践中通常以测定静止能量代谢来代替基础代谢。

2）静止能量代谢

动物在一般的畜舍或实验室条件下、早晨饲喂前休息时（以卧下为宜）的能量代谢水平称为静止能量代谢。这时，许多动物的消化道并不处于空虚和吸收后的状态，环境温度也不一定适中。为方便应用和计算，静止能量代谢率通常以公式表示为：

$$Q = KW^{0.75}$$

式中，Q 为静止能量代谢率（kJ/24 h），K 为常数（$K=70$），W 为体重（kg）。

3）影响代谢率的因素

虽然基础代谢率和静止能量代谢率比较稳定，但可受下列因素影响而发生变化。

（1）个体大小　动物的产热随个体大小而不同，但并不与体重直接成比例。牛、马的产热量可比小鼠大 1 000 ~ 2 000 倍，但按 1 kg 体重计算则反而小。

（2）年龄　动物在幼年时期代谢率较高，成年后逐渐下降。

（3）性别　性别差异在性成熟时开始出现。在同样的条件下，雄性动物的静止代谢比雌性动物高。

（4）品种　生长快速的品种一般比生长较慢的品种代谢水平高，瘦肉型比脂肪型的代谢率高。

（5）生理状态　雌性动物发情期间代谢加强，妊娠后期代谢加强更显著。

（6）营养状态　营养良好的动物代谢水平比营养不良的要高一些。

（7）季节　不同季节的环境温度、光照条件等，对静止代谢有不同的影响。春季的静止代谢最高，夏季降低，秋季又稍增高，冬季最低。

（8）气候　气候对静止能量代谢的影响也很明显。生长在热带地区的哺乳动物，其静止能量代谢比温带和寒带地区的动物低。

7.2　体温调节

7.2.1　动物的体温及其正常变动

动物体各部的温度并不完全相同，一般体内温度较体表温度高，而体内各器官及体表各部位温度也有较大差异。例如，肝脏与反刍动物瘤胃内的温度，都比直肠温度高 1 ~ 2 ℃，而体表温度则也比直肠温度低 1 ~ 5 ℃。

1）直肠温度

在实际工作中，一般采用直肠温度作为动物体温的指标。各种动物的正常直肠温度（见表 7.1）。

表 7.1　各种动物的直肠温度

动物种类	平均/℃	范围/℃
黄牛、牦牛、肉牛	38.3	36.7 ~ 39.7

续表

动物种类	平均/℃	范围/℃
水牛	37.8	36.1 ~ 38.5
乳牛	38.6	38.0 ~ 39.3
骆驼	37.5	34.2 ~ 40.7
猪	39.2	38.7 ~ 39.8
马	37.6	37.2 ~ 38.1
驴	37.4	36.4 ~ 38.4
绵羊	39.1	38.3 ~ 39.9
山羊	39.1	38.5 ~ 39.7
狗	38.9	37.9 ~ 39.9
猫	38.6	38.1 ~ 39.2
兔	39.5	38.6 ~ 40.1

动物的体温除动物种类之间有显著差别外,还受个体、品种、年龄、性别等因素的影响而有相当差异。例如,我国耕牛的体温比一般乳牛的体温略低;幼龄动物的体温较成年动物的体温略高;雄性动物较雌性动物体温为高;雌性动物在发情和妊娠时,体温有所升高,排卵时则出现降低现象;肌肉活动时代谢增强,产热增多可使体温升高。

2)昼夜差异

在正常的饲养管理制度下,动物体温一般白天较夜间高,并以午后最高,早晨最低。牛的昼夜变化相差约0.5 ℃,放牧绵羊约达1 ℃。

这种变化除反映动物的昼夜生理节律性外,还受外界环境因素与动物活动状态的影响:

(1)光线 光线是一种重要的刺激因素,能引起中枢神经相应部分的兴奋和动物活动,导致机体新陈代谢增高,体温上升。

(2)环境温度 动物一昼夜间的体温变化曲线,在昼夜温度变化比较剧烈的季节和地区往往与外界的气温变化相平行,但在一般气温情况下,这种现象不明显。

(3)喂料 动物采食后,体温可升高0.2 ~ 1 ℃,并保持2 ~ 5 h之久,长期饥饿后体温降低2 ~ 2.5 ℃。大量饮水能使体温下降1 ℃左右。

(4)肌肉工作 动物使役时则体温上升。如马疾驰时可高达40 ~ 41.5 ℃。

7.2.2 体温恒定的维持

动物正常体温的维持有赖于体内产热和散热过程保持平衡。如果产热多于散热,则体温升高,散热超过产热则引起体温下降。

1)产热过程

动物体内一切组织细胞活动时,都产生热,但由于各种组织代谢强度不同,热的产生也有差别。肌肉、肝脏和腺体产热最多,尤其是骨骼肌在工作时,产热占身体总热量的

2/3 以上。草食动物的饲料在消化管内发酵,产生大量热能,也是体热产生的重要来源。

产热水平还随环境温度而改变(见图7.1)。在适当的环境温度范围内,动物的代谢强度和产热量可保持在生理的最低水平而体温仍能维持恒定,这种环境温度称为动物的等热范围或代谢稳定区。从畜牧生产来看,外界温度在等热范围内饲养动物最为适宜。因为过低的气温将提高代谢强度,增加饲料的消耗;反之,过高的气温则会降低动物的生产性能。各种动物的等热范围见表7.2。

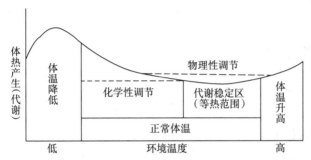

图 7.1 环境温度与体热产生的关系

表 7.2 各种动物的等热范围

动物种类	等热范围/℃	动物种类	等热范围/℃
牛	16～24	豚鼠	25
猪	20～23	大鼠	29～31
绵羊	10～20	兔	15～25
狗	15～25	鸡	16～26

等热范围的温度比体温要低,等热范围的低限温度称为临界温度。耐寒的动物如牛、羊的临界温度较低,动物密集的被毛和厚实的皮下脂肪都能降低临界温度。从年龄来看,幼龄动物的临界温度高于成年动物。等热范围的高限温度以上称为过高温度。

2)散热过程

动物机体随时都在不断向外界散热,以保持与产热之间的平衡。散热的途径主要有四方面:①通过体表皮肤散热,经过这一途径散发的热量占全部散热量的75%～85%。②经呼吸器官散热。③使吸入气、饮入水和食物升温而散热。④通过粪、尿排泄散热。

作为散热主要途径皮肤散热的方式有辐射、对流、传导和蒸发4种,前3种又可称为非蒸发散热。

(1)辐射 体热以红外线形式向温度较低的外界散热称为辐射散热。辐射散热不需要通过任何介质。辐射散热量可占机体总散热量的60%,是皮肤散热的各种方式中最主要的散热方式。

(2)对流 借助机体周围冷热空气的相对流动而实现的散热方式,称为对流散热。动物体表发散的热使机体周围一圈空气加热而上升,周围较冷空气流进替代。由于冷热空气不断对流,可散发大量体热。对流散热与风速有关,风速越大散热越多。在畜牧生

产上夏季注意通风可增加散热,冬季注意防风,可减少散热,均有利于动物维持体温。

（3）传导　动物机体的热量直接传给与其接触的温度较低的物体,如墙壁、地面等,称为传导散热,传导散热与物体的导热性能有关,并受体表与环境温度差的影响。水的导热性能比空气好,所以在夏季给动物以冷水淋浴或水浴可促进散热,防止中暑。

（4）蒸发　机体的热量靠体表和呼吸道水分汽化吸热而散发,称为蒸发散热。1 g 水在体表蒸发时可散发 2.43 kJ 的热量。当环境温度等于或超过皮肤温度时,仅靠辐射、传导和对流方式是无法充分进行散热的,这时蒸发变成为机体散热的最重要的方式。

7.2.3　体温调节

机体主要通过神经和内分泌系统调节产热和散热过程,使两者在外界环境和机体代谢水平经常变化的情况下保持动态平衡,实现体温的相对稳定。

1）体温调节中枢

体温调节中枢是一个多层次的整合机构,最基本的体温调节中枢位于下丘脑,大脑皮层在体温调节中起重要作用,行为性体温调节主要是通过大脑皮层实现的。下丘脑前部的温度敏感神经元可感受血液和脑组织的温度变化,也是温度传入信息的整合中枢,机体是产热还是散热,要根据整合结果而定。这里温度敏感神经元数量最多,其中,20% ~40% 是热敏神经元,5% ~20% 是冷敏神经元。当热敏感神经元兴奋时,促进机体散热反应,抑制产热;冷敏感神经元兴奋时,促进产热反应,抑制散热,从而实现体温的相对稳定。

2）调定点学说

这个学说认为:调定点的高低决定着体温的水平,当中枢温度升高并超出某界限时,热敏感神经元冲动发放的频率增加,反之,当中枢温度降低并低于某界限时,则冲动发放减少。这些神经元对温热的感受界限即阈值(例如猪约为 38 ℃),就是体温稳定的调定点。当中枢的温度超过调定点时,散热过程兴奋而产热过程受到抑制,体温因而不至于过高。如果中枢温度低于调定点时,产热增加,散热过程则受到抑制,因此,体温不至于过低。

7.2.4　动物对高温和低温的耐受能力与适应

1）动物的耐热与抗寒

骆驼的耐热能力最强,在供应充足的饮水情况下,可长期耐受炎热而干燥的环境。它对高温的主要调节方式是加强体表的蒸发散热和使体温升高。

绵羊也有较强的耐热能力,主要调节方式是喘息,通过呼吸道蒸发散热。

马有发达的汗腺,热应激时,主要靠出汗散热,因而有一定的耐热能力。

牛的耐热能力不如羊,役用牛耐热能力强于乳牛。水牛汗腺不发达,皮肤色深而厚,对热应激主要反应是水浴,依靠水介质传导散热。

猪的耐热能力较弱,尤其是仔猪更弱。

动物的抗寒能力一般较强。马、牛和羊在气温-18 ℃时仍能调节体温稳定。猪的抗寒能力低于其他动物,成年猪在0 ℃气温中难于持久保持正常体温,1 日龄仔猪在0 ℃环境中2 h就将陷入昏睡状态,很快就可导致死亡。

2)动物对高温与低温的适应

动物较长期地处于寒冷或炎热环境中,或一年中季节性温差变化,初期可通过各种体温调节机制保持体温恒定,随后则发生不同程度的生理性调节,即适应现象。可分三类。

(1)惯习　动物短期(通常数周)生活在超常环境温度(寒冷或炎热)中所发生的生理性调节反应,称为惯习。主要表现为酶活性和代谢率的变化,使产热过程适应已变化的温度环境。其他表现则由于环境温度因素的重复刺激使生理反应逐渐减弱,从而使习惯的动物能在此温度环境中保持正常体温。

(2)风土驯化　随着季节性变化机体的生理调节逐渐发生改变,称为风土驯化。表现为被毛厚度和血管收缩性发生变化等,以增强机体对外界温度变化的适应能力。如在夏季经秋季到冬季的过程中,动物的代谢并没有增高,有的甚至反而降低,但被毛增厚,皮肤血管的收缩性改善,增强了机体的保温性能,故在冬季仍能保持体温。

(3)气候适应　经过多代自然选择和人工选择,动物的遗传性发生了变化,不仅本身对当地的温度环境表现了良好的适应,而且能传给后代,成为该种或品种的特点。如寒带品种的动物有较厚的被毛和皮下脂肪层,保温效率高,在极冷的条件下无须代谢增高,体温也能保持正常水平并很好地生存。

复习思考题

1. 动物在不同的外界环境中如何散热?
2. 不同动物对热、冷的耐受性如何?

第8章
肌肉生理

本章导读：了解骨骼肌的生理特性。熟悉骨骼肌的类型。掌握骨骼肌生长和发育规律，能在畜牧业生产中促进骨骼肌充分发育、达到提高瘦肉率的目的。

动物各种形式的运动，主要靠肌细胞的收缩活动来完成。动物体肌肉可分为两大类：一类是附着在骨骼上的骨骼肌，它的重量约占哺乳动物体重的40%，受躯体运动神经直接控制，可完成身体随意运动、呼吸运动并维持机体的姿势和平衡，因此又称为随意肌；另一类是心肌和平滑肌，分别分布于心脏和胃肠、血管等内脏器官，受自主神经直接支配，又称非随意肌。本章着重介绍骨骼肌的生理特性。

8.1　骨骼肌生理特性

骨骼肌有兴奋性、传导性和收缩性等生理特性。兴奋性是一切活组织都具有的共性；传导性是肌肉组织和神经组织共同具有的特性；收缩性是肌肉组织独有的特性，它的特点是速度快、强度大，但不能持久。

8.1.1　骨骼肌收缩的基本特性

1）等张收缩和等长收缩

肌肉收缩时长度发生变化而张力不变称为等张收缩；张力发生变化而长度不变称为等长收缩。机体内部肌肉收缩都是包括两种程度不同的混合收缩。骨骼肌的收缩是肌纤维兴奋后所发生的机械性反应，也可以看作肌纤维兴奋过程的外在表现。这种机械性反应表现出两种效应：

（1）长度变化　肌纤维长度变化，即肌纤维伸长或缩短。

（2）张力变化　肌纤维张力变化，即肌纤维产生张力。

长度变化可以完成各种运动功能；张力变化可以负荷一定的重量。

2) 单收缩

骨骼肌接受单个刺激后,就产生一次兴奋和表现一次收缩,收缩完毕后又迅速舒张而恢复原状,这种由单个刺激所引起的单一收缩,叫做单收缩。它是肌肉收缩的最简单的形式,也是一切复杂的肌肉运动的基础。

3) 强直收缩

正常情况下骨骼肌都是受中枢神经系统内的运动神经细胞发出的冲动而兴奋,而且这种冲动都是一连串的,不是单个的,在一连串神经冲动的刺激下,骨骼肌总是在前一次单收缩没有完成以前,就接着发生后一次单收缩。因此骨骼肌不会发生像在心肌中表现的单收缩,而总是使许多次单收缩综合在一起,形成所谓强直收缩。

强直收缩的特点为骨骼肌在受到一系列神经冲动刺激的整段时间内都保持收缩状态,因而收缩的持续时间比较长,产生的长度变化都比单收缩大得多。强直收缩对于完成骨骼肌的运动功能和负重有重大意义。

8.1.2 骨骼肌的生物电和代谢

1) 生物电

肌纤维受刺激时,能产生动作电位并迅速传播。运动神经的冲动是节律性的,因此肌纤维也出现节律性的动作电位。一条骨骼肌纤维收缩时由于兴奋的肌纤维数量和动作电位频率不同,收缩的程度和综合电位变化也不相同。使用电学仪器将这种综合电位变化引导出来,并加以放大、描记成的曲线图,称为肌电图,它可用于判断肌肉的活动状态。

2) 代谢

骨骼肌收缩所需要的能量全部来源于 ATP 分解成 ADP 时所释放出的能量,其中约 1/3 用于做功,其余 2/3 转化为热能。

8.1.3 神经肌肉间的兴奋传递

1) 神经-肌肉接头

运动神经元的神经冲动通过神经-肌肉接头传递给骨骼肌,神经-肌肉接头可认为是一种特殊的突触(见图 8.1)。每条运动神经纤维分出数十至数百分支,每一分支支配一条肌纤维,神经纤维末端失去髓鞘嵌入到肌细胞膜上形成运动终板。但神经纤维末端的轴突膜(即突触前膜)并不与肌膜直接接触,而存在约 50 nm 的间隙。轴突末梢的轴浆中有许多线粒体和含有乙酰胆碱的囊泡,神经兴奋时囊泡膜与轴突膜融合、破裂,释放乙酰胆碱于间隙中,乙酰胆碱在线粒体内合成,储存在囊泡中,肌细胞的终板膜上存在乙酰胆碱受体,能与乙酰胆碱结合。终板膜还存在大量胆碱酯酶,可以水解乙酰胆碱,使其作用消除。

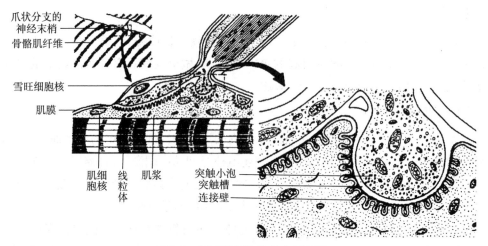

图 8.1　运动终板连续放大示意图

左上为光学显微镜图像;中间及右下为电子显微镜图像

2)神经-肌肉的兴奋传递

神经-肌肉的兴奋传递在运动终板部完成,主要包括下列过程:

①当神经纤维冲动传到末梢时,立即引起轴膜的去极化,改变轴膜对 Ca^{2+} 的通透性。膜外的 Ca^{2+} 进入膜内,使囊泡破裂释放乙酰胆碱到接头间隙。

②乙酰胆碱扩散到终板膜与受体结合,使终板膜的离子通透性发生变化,引起 Na^+ 大量进入膜内,发生去极化,接着使大量 K^+ 透出膜外。由于 Na^+ 和 K^+ 在膜内外的迅速流动,产生终板电位。

③随着乙酰胆碱释放量增加,终板电位随之增大,并使邻近肌膜去极化,产生动作电位,并传播到整个肌细胞。

④终板膜上的胆碱酯酶使乙酰胆碱迅速水解成乙酸和胆碱而失去作用。

正常情况下,一次神经冲动释放出来的乙酰胆碱在 1~2 ms 内被胆碱酯酶所破坏。因此,每一次神经冲动传到神经纤维末梢,只能引起肌细胞兴奋一次,产生一次收缩。

8.2　骨骼肌的类型和生长发育

8.2.1　骨骼肌的类型

动物的骨骼肌分红肌和白肌两种类型。

红肌的肌纤维含有丰富的肌红蛋白和线粒体,线粒体含有带红色的细胞色素,使肌纤维呈红色。骨骼肌中如含红肌纤维占优势的称为红肌,白肌纤维占优势的叫白肌。肌红蛋白能与氧迅速结合生成氧合肌红蛋白,当肌纤维内氧含量降低时,氧合蛋白分解而释放氧,以供能源物质的有氧氧化和氧化磷酸化作用的需要。此外,红肌纤维由于含有丰富的线粒体,在有氧条件下可迅速产生 ATP。

红肌的收缩比较缓慢但能持久,所以也称慢肌。这是由于红肌中肌球蛋白的 ATP 酶活性较低,ATP 分解速度较慢,因此,使红肌收缩时氧和能量物质消耗较少,机械工作效率也就较高。

白肌的收缩较快但较易疲劳。由于白肌主要从糖元酵解中获得能量,通常白肌纤维储存大量的糖元。

8.2.2　骨骼肌的生长和发育

骨骼肌可随骨骼生长而发生长度变化,肌细胞通过两端增加肌节而变长,也可能有相反变化,例如缺乏运动时肌肉两端肌节减少而变短。肌肉生长主要通过"肥大"过程(肌细胞内增加的肌原纤维),使肌肉的生理直径和力量都增大(见图 8.2)。骨骼肌可通过肌肉组织卫星细胞分化而生成新的肌纤维,这一过程称为增生。

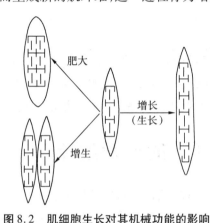

图 8.2　肌细胞生长对其机械功能的影响

左:平行的肌节较多　右:长列的肌节较多

倍增←力量→无变化

无变化←速度→倍增

无变化←缩短能力→倍增

近年应用 β-肾上腺素能激动剂、生长激素以及生长素介质等制剂,以促进生长、骨骼肌蛋白合成和改善胴体质量,已经取得实验性效果。

复习思考题

1. 简述骨骼肌收缩的基本特性。

2. 神经-肌肉间的兴奋是怎样进行传递的?

3. 骨骼肌是怎样生长发育的?

第9章
神经生理

本章导读：了解神经系统的感觉功能、躯体运动和内脏活动的调节、脑的高级功能。熟悉神经元活动的一般规律。能根据反射活动的一般规律，在动物饲养管理过程中建立条件反射，提高动物生产性能。

神经系统是动物生命活动中起主导作用的整合和调节系统。它既可以直接或间接地调节体内各系统、器官、组织和细胞的活动，使之相互协调，成为统一的整体，又可以通过对各种生理过程的调节，使机体随时适应内外环境的变化。

9.1 神经元活动的一般规律

神经系统主要由神经元（神经细胞）和神经胶质细胞构成，神经元是神经系统的结构和功能单位。神经元通过其突起与其他神经元、其他器官组织之间相互联系，把来自内外环境改变的信息传入中枢，加以分析整合或储存，再经过传出通路把信号传到其他器官组织，产生一定的生理调节和控制效应。

神经元是高度分化的细胞，它的基本功能主要体现在以下两个方面：①感受体内体外各种刺激而引起兴奋或抑制。②对不同来源的兴奋或抑制进行分析综合。

9.1.1 神经纤维

1）神经纤维的动作电位

神经纤维的基本生理特性是有高度的兴奋性和传导性。神经纤维的功能就是以这些兴奋特性为基础来传导兴奋。生理学中常用"神经冲动"这个术语来概括传播着的兴奋，所以一般传播着的动作电位代表神经冲动，并把它作为神经纤维传导兴奋的标志。神经纤维动作电位的特点：

（1）动作电位能自动传播　动作电位一经产生，就沿着神经纤维迅速向前传播，从而引起同一条神经纤维的各部依次地发生动作电位。

（2）当刺激达到阈值时，神经纤维就产生最大的动作电位，并以最快的速度传播，如果刺激继续加强，动作电位的大小和传播速度并不会随着刺激的加强而有所增大，这种现象叫做神经纤维兴奋的"全或无"反应,即神经纤维对刺激或者发生最大的兴奋反应,或者完全不发生反应。至于阈下刺激,只能引起神经纤维产生局部的不能传播的微弱电位变化,不能引起兴奋,也不能产生动作电位。

(3)动作电位的频率　动作电位的频率在一定范围内随着刺激强度的增加而相应地增大。

2)神经纤维传导冲动的一般特征

(1)生理完整性　神经纤维只有在结构和生理机能上都完整时,才有传导冲动的能力,这一特性称为神经纤维传导的生理完整性。神经纤维虽未被撕裂、切断,只是受到物理、化学刺激(如低温、麻醉等)时,其生理完整性也会被破坏,传导冲动的能力也就消失。

(2)绝缘性　在一条神经干中包含有数量很多的神经纤维,由于具有绝缘性,各条纤维上所传导的冲动互不干扰,保证神经调节具有极高的精确性。

(3)双向传导性　神经纤维上的任何一点受到刺激,所产生的冲动可沿纤维同时向两端传播一直到达末梢。

(4)不衰减性　神经纤维传导冲动时,具有不因传导距离的增大而使动作电位的幅度变小和传导速度减慢的特性,称为传导的不衰减性。

(5)相对不疲劳性　实验表明,用 50～100 次/s 的感应电流连续刺激蛙的神经 9～12 h,神经纤维仍保持传导冲动的能力,这说明神经纤维具有相对不疲劳性。

3)神经纤维传导性

神经和肌肉的某一部位在兴奋和产生动作电位后,这种动作电位并不停留在局部,而是沿着细胞膜表面以一定的速度传播到同一个细胞的其他部位,甚至从一个细胞表面传播到另一个细胞,同样,神经纤维某一局部受到刺激而产生的兴奋(即动作电位)也沿着神经纤维传播,这就是神经纤维的传导性。

4)神经纤维的传导速度

不同种类的神经纤维,其传导速度不同,同时还与下列因素有关。

(1)纤维的直径　一般地说,神经纤维的直径越大,它的传导速度越快。

(2)髓鞘　有髓纤维传导兴奋是以跳跃的方式,从一个郎飞氏结跳至下一个郎飞氏结;而在无髓纤维,兴奋是以局部电流方式顺序传导,所以前者的传导速度远快于后者。

(3)温度　神经纤维的传导速度随温度降低而减慢,当温度降低至 0 ℃时,即终止传导。因此,临床上出现了低温麻醉方法。

9.1.2　突触传递与非突触传递

1)突触传递

(1)突触分类　根据突触接触的部位,可将突触分为3类(见图9.1)。

①轴-树型突触。前一神经元的轴突与后一神经元的树突相接触而形成突触。这类突触最为多见。

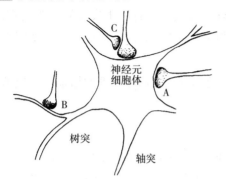

图9.1　突触类型

A.轴-体型突触　B.轴-树型突触

C.轴-轴型突触

②轴-体型突触。前一神经元的轴突与后一神经元的胞体相接触而形成突触。这类突触较为常见。

③轴-轴型突触。前一神经元的轴突与后一神经元的轴突相接触而形成突触。这类突触较为少见。

按照传递信息的方式,可将突触分为化学突触和电突触。机体内大多数突触传递是化学突触,通过突触前神经元的末梢分泌传递物质,使突触后膜的离子通透性发生变化,产生突触后电位。一般地说,化学传递比电传递有更大的可塑性,而且可以把比较小的突触前电流放大成比较大的突触后电流。电突触的突触前膜和突触后膜紧紧贴在一起形成缝隙连接,电流经过缝隙连接从一个细胞很容易流到另一个细胞。

按照突触的功能,可将突触分为兴奋性突触和抑制性突触。神经冲动经过兴奋性突触的传递,引起突触后膜去极化,产生兴奋性突触后电位;经过抑制性突触的传递,引起突触后膜超极化,产生抑制性突触后电位。电突触大都是兴奋性突触,化学突触有兴奋性的,也有抑制性的。大多数轴-体突触是抑制性突触。

(2)突触的微细结构　用电子显微镜观察一个典型的突触包括突触前膜、突触间隙和突触后膜三个部分。

①突触前膜。突触前神经元的轴突末梢首先分成许多小支,每个小支的末梢部分膨大呈球状而为突触小体,贴附在下一个神经元的胞体或树突的表面。突触小体外面有一层突触前膜包裹,比一般神经元膜稍厚约7.5 nm,突触小体内部除含有轴浆外,还有大量线粒体和突触小泡。突触小泡内含有兴奋性介质或抑制性介质。

②突触间隙。它是突触前膜和突触后膜之间的空隙,突触间隙宽为20~40 nm。

③突触后膜。指与突触前膜相对的后一种神经元的树突、胞体或轴突膜。突触后膜比一般神经元膜稍厚约7.5 nm,上有相应的特异性受体(见图9.2)。

(3)化学性突触传递的机理　化学性突触的信息传递,是通过一系列换能过程而实现的。

①兴奋性突触传递。在兴奋性突触中,当神经冲动从突触前膜神经元传到末梢时,突触小体内的突触小泡就释放出兴奋性介质。介质通过扩散作用穿过突触间隙,作用于突触后膜上的受体,提高后膜对 Na^+ 和 K^+ 的通透性,尤其是对 Na^+ 的通透性,从而导致局部膜的去极化。突触后膜的膜电位在递质作用下发生去极化,使该突触后神经元对其他刺激的兴奋性升高,这种电位变化称兴奋性突触后电位。

②抑制性突触的传递。在抑制性突触中,每当神经冲动从突触前神经元传到末梢时,突触小泡就释放出抑制性介质,介质通过扩散作用穿过突触间隙,作用于突触后膜的受体,使后膜上的 Cl^- 内流,从而使膜电位发生超极化。突触后膜的膜电位在递质作用下

产生超极化,使该突触后神经元对其他刺激的兴奋性下降,这种电位变化称为抑制性突触后电位。

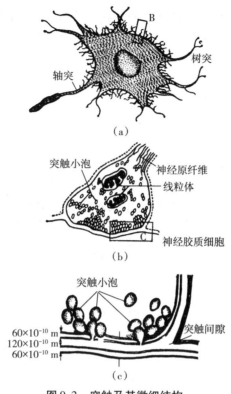

图9.2 突触及其微细结构

(a)显示一个神经元的胞核轴突和树突。许多突触小体分别与这个神经元形成轴树突触和轴体突触

(b)把(a)中的一个突触用电镜放大。表示线粒体、神经元纤维和突触小泡。虚线表示神经胶质细胞膜

(c)把(b)中方格C放大。表示突触前膜、后膜和间隙,有些突触小泡与突触前膜融合,并开口于突触间隙

(4)突触传递的特性

①单向传递。兴奋在神经纤维上的传导是双向性的,但兴奋在通过突触传递时只能由突触前神经元传递给突触后神经元,绝对不能向相反方向逆传。

②突触延搁。兴奋通过突触传递要比在神经纤维上传导通过同样的距离要慢得多。这是因为突触传递过程较复杂,包括突触前膜释放递质,递质扩散发挥作用等多个环节,因此突触传递需要有较长的时间。

③总和作用。在突触传递过程中,突触后神经元发生兴奋需要有多个兴奋性突触后电位,才能使膜电位的变化达到阈电位水平,从而爆发动作电位。

④对内环境变化敏感和易疲劳。突触部位易受内环境理化因素变化的影响。如缺氧、二氧化碳及某些药物等均可作用于突触传递的某些环节,改变突触部位的传递能力。

⑤对某些化学物质的敏感性。有些药物能阻断或加强突触传递,如咖啡碱和茶碱可以提高突触后膜对兴奋性递质的敏感性;而士的宁则阻遏某些抑制性递质对突触后膜的作用,可导致神经元过度兴奋。

2）非突触传递

在肾上腺素能神经元的轴突末梢分支上有许多串珠状的膨大结构称为曲张体，它的内部有大量的含有递质的小泡。当神经冲动到达曲张体时，释放递质，通过扩散到达效应细胞上的受体与之结合，发挥生理效应。由于这种化学传递不是通过典型的突触结构，所以称为非突触（性）传递。

9.1.3 神经递质

1）神经递质

神经元之间的突触传递必须以突触前膜释放的化学物质作为中介，才能完成信息的传递，这种化学物质称为神经递质。部分神经递质和作用部位（见表9.1）。

表9.1 部分神经递质和它们的作用部位

物　质	作用部位	作用形式	备　注
乙酰胆碱（ACH）	骨骼肌和神经肌肉接点	兴奋	确定
	植物性神经系统 交感节前 副交感节前 副交感节后 中枢神经系统 多种无脊椎动物	兴奋 兴奋 兴奋或抑制 兴奋 多样的	确定 确定 确定 确定 确定
去甲肾上腺素（NE）	中枢神经系统 绝大部分交感节后	兴奋或抑制	确定
谷氨酸（GLU）	中枢神经系统 甲壳动物，中枢与外周神经系统	兴奋 兴奋	可能 确定
天冬氨酸	中枢神经系统	兴奋	可能
γ-氨基丁酸（GABA）	中枢神经系统 甲壳动物，中枢与外周神经系统	抑制 抑制	确定 确定
5-羟色氨（5-HT）	脊椎动物和无脊椎动物的中枢神经系统	—	确定
多巴胺（DA）	中枢神经系统	—	确定

2）受体

受体一般是指细胞膜上的大分子蛋白质，能识别特定的化学物质，并与之结合而起反应，改变膜对某些离子的通透性。受体不仅存在于突触后膜，可与特定的递质结合产生相应的生理效应，而且也存在突触前膜上，可对递质的合成、释放等过程起调控作用。

（1）胆碱能受体　胆碱能受体有两类。一类受体广泛存在于副交感神经节后纤维支配的效应器细胞上，可产生一系列副交感神经兴奋的效应，包括心脏活动的抑制、支气管平滑肌、胃肠道平滑肌、膀胱逼尿肌和瞳孔括约肌的收缩以及消化腺分泌增加等，这类受体也能与毒蕈碱相结合，产生相似的效应，因此称之为毒蕈碱型受体，也叫 M 型受体，阿托品是该受体的阻断剂。另一类受体存在于交感和副交感神经节神经元的突触后膜和神经肌肉接头处的终板膜上,发生的效应是导致节后神经元和骨骼肌的兴奋,产生与烟碱(烟草叶中的提取物)相似的效应,所以称之为烟碱受体,也称 N 受体。

(2)肾上腺素能受体　这种受体也分为两类,一类是 α 型肾上腺素能受体(简称 α-受体),另一类是 β 型肾上腺素能受体(简称 β-受体)。β-受体还分为 β_1 和 β_2 两个亚型。去甲肾上腺素与平滑肌 α 受体结合后,产生以兴奋为主的效应,但也有抑制性的(如小肠平滑肌舒张)。而去甲肾上腺素与平滑肌的 β-受体结合后,则产生抑制性效应,但却使心肌兴奋。

(3)突触前受体　存在于突触前膜的受体称为突触前受体,它的作用在于调节神经末梢的递质释放,如肾上腺素能纤维末梢的突触前膜上存在 α-受体,当末梢释放的去甲肾上腺素在突触前膜处超过一定量时,即能与突触前 α-受体结合,从而反馈抑制末梢合成和释放去甲肾上腺素,起调节递质释放量的作用。在应用受体阻断剂后,该反馈抑制环节被阻断,这时刺激肾上腺素能纤维,末梢合成和释放去甲肾上腺素增加。

(4)中枢递质的受体　中枢递质种类复杂,相应的受体也多,除了上述受体外,还有多巴胺受体、5-羟色胺受体、γ-氨基丁酸受体、甘氨酸受体及肽类受体等,它们也都有相应的受体阻断剂。

9.2　反射活动的一般规律

9.2.1　反射与反射弧

1)反射

反射是神经系统活动的基本形式,是指在中枢神经系统参与下,动物机体对内、外环境刺激的应答性反应。从最简单的眨眼反射(机械刺激角膜引起的眼睑闭合)到复杂的行为表现,都是反射活动。

2)反射弧

实现反射活动的结构称为反射弧,它包括感受器、传入神经、反射中枢、传出神经和效应器 5 个部分(见图 9.3)。

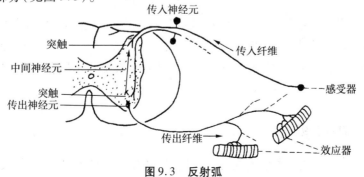

图 9.3　反射弧

反射完成的过程为:特定刺激为特定感受器接受→感受器兴奋→(以神经冲动形式通过)传入神经→反射中枢(分析、综合)→传出神经→效应器(产生相应活动)。

9.2.2 中枢神经元的联系方式及兴奋传导的特征

中枢神经系统内神经元数量巨大,相互间联系方式复杂,主要有以下几种(见图9.4)。

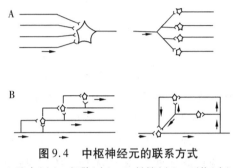

图9.4 中枢神经元的联系方式
A.聚合(左) 辐散(右) B.链锁(左) 环状(右)

1)辐散式

一个神经元通过其轴突末梢的分支与许多神经元建立突触联系,称为辐散式联系(见图9.4,A右)。这种方式可以使一个突触前神经元的冲动传递给多个突触后神经元,引起它们的兴奋或抑制,从而扩大突触前神经元的作用范围。机体内的传入神经元和植物性神经的节前神经元,即主要以这种联系方式传递冲动。

2)聚合式

多个突触前神经元的轴突共同与一个突触后神经元建立突触联系,称为聚合式联系(见图9.4,A左)。这种联系方式使许多不同神经元引起同一个神经元发生兴奋总和,也可能使许多不同神经元的兴奋和抑制在同一个神经元上发生整合。

3)链锁式与环状式

中枢神经系统内神经元间的辐散式和聚合式联系方式常常共同存在,并且通过中间神经元将这两种联系方式结合构成许多复杂的链锁式(见图9.4,B左)和环状式(见图9.4,B右)联系。当兴奋通过链锁式联系时,可以在空间上加强或扩大作用范围。当兴奋通过环状式联系时,如果其各神经元都是兴奋性神经元,则兴奋得到加强和延续,起正反馈作用,并在停止刺激后,反射活动仍然持续一段时间,即所谓的"后放"。如果环路中的某些神经元是抑制性的,可使原来的神经活动减弱或终止,起负反馈作用。神经元间的这种多样化联系方式,是中枢神经系统功能高度复杂化的结构基础,使中枢神经元系统能对各种反射活动进行精确调节,并使中枢神经系统各不同部位保持相互配合与协调。

9.2.3 中枢抑制

在机体的许多活动中,中枢内既有兴奋过程,又有抑制过程,只有这样反射才能协调进行。如当吞咽反射进行时,呼吸反射受到抑制;屈肌反射进行时,伸肌反射受到抑制。根据中枢内抑制产生的机制不同,可分为突触后抑制和突触前抑制两类。

1)突触后抑制

突触后抑制是由抑制性中间神经元引起的一种抑制。当抑制性中间神经元兴奋时,其轴突末梢释放抑制性递质,引起突触后膜超极化,产生抑制性突触后电位,从而使突触后神经元的活动受到抑制,它普遍存在于中枢神经系统内(见图9.5)。

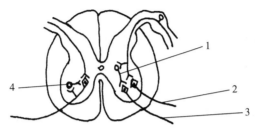

图 9.5　突触后抑制

左侧为回返性抑制,右侧为侧支性抑制

1—抑制性中间神经元　2—到主动肌　3—到对抗肌　4—闰绍细胞

2)突触前抑制

突触前抑制是由于兴奋性突触前神经元轴突末梢受到另一轴突末梢的作用而减少其自身所释放的兴奋性递质,从而使得兴奋性突触后电位减少,以至于不易或甚至不能引起突触后神经元兴奋,呈现抑制效应。这种抑制效应不是发生在突触后膜上,而是通过改变突触前膜的活动而实现的,故称为突触前抑制(见图9.6)。

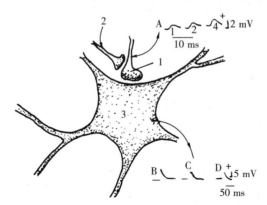

图 9.6　突触前抑制示意图

A. 当刺激突触前抑制纤维由 1 次增加为 2 次、4 次时,在轴突触 1 记录到的去极化电位

B. 为突触前抑制发生前　C,D. 为不同时程突触前抑制发生的 EPSP,可见 B 大于 C,D

1—轴突 1　2—轴突 2(突触前抑制纤维)　3—神经元 3

突触前抑制的递质是 γ-氨基丁酸(GABA),GABA 同时也是引起突触后抑制的一种抑制性递质。

9.2.4 神经胶质细胞的功能

神经胶质细胞是神经系统的重要组成部分,分布于神经元和毛细血管之间,数量很大,在哺乳动物中约占脑总体积的50%。神经胶质细胞均属多突细胞,但无轴突、树突之分。

神经胶质细胞主要有如下功能:

1)支持作用

神经胶质细胞的作用类似于结缔组织,主要依靠星形胶质细胞的突起交织成网,或互相连接成支架,起支持作用。

2)物质转运作用

胶质细胞的突起有的末端膨大,终止于脑毛血管壁上(形成"血管周足"),有的穿行于神经元之间,附在神经元胞体或树突上,可能起血管与神经元之间的物质运输作用。据估计,脑毛血管表面的85%面积被血管周足所包绕,构成了血脑屏障,可选择性地阻止血液中某些药物、染料和其他化学物质进入脑组织。

3)调节神经细胞外液的离子浓度

当神经元兴奋、细胞内的K^+外流到细胞外液时,胶质细胞能迅速将外液中的K^+转运到自体内,以此限制神经元的去极化程度,使其兴奋性不致过强。

4)调节局部的递质活动

胶质细胞对GABA有高度亲和性和吸附力,也能从血液中摄取合成肽类递质的原料谷氨酸,有利于递质的传递和合成。

5)修复和再生

神经胶质细胞终生保持细胞分裂的能力,当神经元因病变、损伤、衰老而死亡时,神经胶质细胞通过增生繁殖,填补神经元死亡的空间位置。此外,外周神经元轴突的再生也是沿雪旺氏细胞延伸的。

6)构成髓鞘

在外周神经中,由雪旺氏细胞形成髓鞘,在中枢神经系统内,则由少突胶质细胞包卷轴突,构成髓鞘。在传导功能方面有重要作用。

7)吞噬作用

小胶质细胞和星形胶质细胞有吞噬作用,能吞噬有病变的神经元,有保护机体的功能。

9.3 神经系统的感觉功能

感觉是神经系统反映机体内外环境变化的一种特殊功能。各种内外环境变化作用于感受器,转换为神经冲动,经神经传导通路,进入中枢神经系统,再经多次转换,最后抵达大脑皮层的特定部位,产生相应的感觉。

9.3.1 感受器

感受器是分布于动物体表、内脏或深部,能感受内、外环境的刺激,并将其转化为神经冲动的转化装置。

1)感受器的分类

根据感受器的分布位置和接受的刺激来源,常分为外感受器和内感受器两大类:前者分布于皮肤和体表,接受来自外界环境的刺激;后者分布于内脏和躯体深部,接受来源于机体内部的刺激。根据感受器所能感受的适宜刺激种类,常分为机械感受器、温度感受器、化学感受器、光感受器等。

2)感受器的一般生理特性

(1)适宜刺激 一般地说,每一种感受器都有各自的适宜刺激。

(2)感受器的换能作用 感受器接受刺激发生兴奋,使刺激的能量转化为神经冲动,这就是感受器的换能作用。

(3)适应现象 在一定强度的适宜刺激作用下,感受器冲动发放的频率逐渐减少,这一现象称为感受器适应。

(4)对比现象和后作用 在某种刺激之前或同时受到另一种性质相反的刺激时,感受器的敏感性上升,称为对比现象。感觉有明显的后作用,当引起感觉的刺激消失后,感觉一般会持续存在一定时间,然后才逐渐消失。

9.3.2 脊髓的感觉传导功能

来自各感受器的神经冲动,除通过脑神经传入中枢外,大部分经脊髓神经背根进入脊髓,然后分别经由各前行传导路径传至丘脑,再经换元抵达大脑皮层。由脊髓前传到大脑皮层的感觉传导路径分为两大类。

1)浅感觉传导路径

传导痛觉、温觉和轻触觉,其传入纤维在脊髓背角更换神经元后,在中央管下交叉到对侧,分别由脊髓丘脑侧束(痛、温觉)和脊髓丘脑腹束(轻触觉)前行抵达丘脑。

2)深感觉传导路径

传导肌肉本体感受器和深部压觉,其传入纤维进入脊髓沿同侧背束前行,抵达延髓的薄束核和楔束核后更换神经元,再发出纤维交叉到对侧,经内侧丘传至丘脑。

9.3.3 丘脑及其感觉投射系统

每一个传入神经元及其外周分支形成的全部感受器,构成一个感觉单位。每个感觉单位所含的感受器数目各不相同,每一类感受器都有一定的传入通路以传导感受器发放

的冲动,最后传递到大脑皮层特定区域。但除嗅觉以外的所有传入纤维在达到大脑皮层以前都终止于丘脑。丘脑是各种感觉冲动的汇集点,是进入大脑皮层的大门,来自外部环境和机体内部的信息几乎都通过丘脑(见图9.7)。

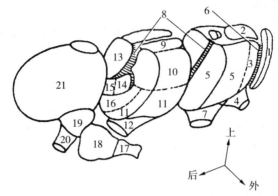

图 9.7　右侧丘脑主要核团示意图

1—网状核(大部分已切去,只显示前面一部分)　2—前核　3—前腹核
4—苍白球传来纤维　5—外侧腹核　6—外髓板　7—小脑传来纤维
8—内髓板及髓板内核群9—背外侧核　10—后外侧核
11—后外侧腹核　12—内侧丘核　13—背内核　14—中央中核
15—束旁核　16—后内侧腹核　17—视束　18—外侧膝状体
19—内侧膝状体　20—外侧丘系　21—丘脑枕

根据丘脑向各部分大脑皮层投射特征的不同,可把感觉投射系统分为两类,即特异性投射系统和非特异性投射系统。

1)特异性投射系统

一般认为,经典的感觉传导是由3级神经元的接替完成的。第一级神经元位于脊髓神经节或有关的脑神经节内,第二级神经元位于脊髓角或脑干的有关神经核内,第三级神经元在丘脑。特异性投射系统是指从丘脑发出的纤维,投射到大脑皮层的特定区域,具有程度很高的点对点的投射关系。

特异性投射系统的功能是传递精确的信息到大脑皮层引起特定的感觉,并激发大脑皮层发出神经冲动。

2)非特异性投射系统

该系统的上行传入通路的一、二级神经元就是特异性投射系统的一、二级神经元,二级神经元的部分纤维或侧支进入脑干网状结构,与其内的神经元发生广泛地突触联系,并逐渐上行,抵达丘脑内侧部,然后进一步弥散性投射到大脑皮层的广泛区域。所以,这一感觉投射系统失去了专一的特异性感觉传导功能,是各种不同感觉的共同上传途径。又称为非特异性投射系统。

非特异性投射系统主要起着两种作用:一是激动大脑皮层的兴奋活动,使机体处于醒觉状态。所以该系统又称为脑干网状结构的上行激动系统(见图9.8)。二是调节皮层各感觉区的兴奋性,使各种特异性感觉的敏感度提高或降低。

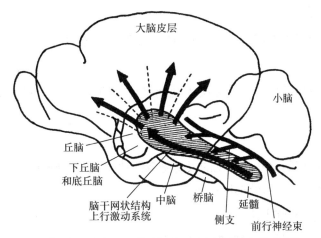

图 9.8　网状结构上行激动系统示意图（猫脑矢状切面）

要在大脑皮层产生感觉，有赖于特异性和非特异性两个系统的互相配合。只有通过非特异性投射系统的冲动，才能使大脑皮层的各感觉区保持一定的兴奋性。同时，只有通过特异性投射系统的各种感觉冲动，才能在大脑皮层产生特定的感觉。

9.3.4　大脑皮层的感觉分析功能

各种感觉传入冲动最终都必须到达大脑皮层，在大脑皮层内进行信息的加工和综合，产生感觉，并发生相应的反应。不同感觉大脑皮层内有不同的代表区。

1）躯体感觉区

躯体感觉区位于大脑皮层的顶叶。全身的浅感觉和深感觉的冲动，经丘脑都投射到此区。低等哺乳动物（如兔和鼠等）的躯体感觉区和躯体运动区基本重合在一起（统称感觉运动区）。动物越高等这两个区域越分离。如猴等灵长类动物，躯体感觉区在顶叶中央后回，而躯体运动区则在额叶中央前回。

身体各部位在躯体感觉区的投影，除头、面部外均为左右交叉和前后倒置排列，而且感觉功能愈精细，所占的区域范围也愈大（见图 9.9）。

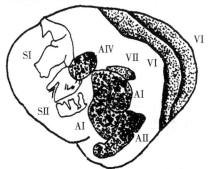

图 9.9　猫大脑皮层的初级和次级感觉区

AⅠ—听区Ⅰ　　AⅡ—听区Ⅱ　　AⅢ—外薛氏回听区　　AⅣ—前上薛氏回听区　　Ⅵ和Ⅶ—视区Ⅰ和Ⅱ
Ⅷ—上薛氏回视区　　SⅠ—躯体感觉区Ⅰ　　SⅡ—躯体感觉区Ⅱ

2）感觉运动区

感觉运动区位于中央前回,它与外周神经联系是对侧性的。

3）视觉区

视觉区位于皮层的枕叶。此区接受视网膜传入的冲动,再通过特定的纤维,投射到此区的一定部位。

4）听觉区

听觉区位于皮层的颞叶。听觉的投射是双侧性的,即一侧皮层的代表区接受来自双侧耳蜗的传入投射,但与对侧的联系较强。

5）嗅觉区和味觉区

嗅觉区在大脑皮层的投射区随着进化而缩小。在高等动物只有边缘皮层的前底部区。味觉区在中央后回面部感觉投射区的下方。

6）内脏感觉区

该区的投射范围较为弥散,传入纤维可重叠在一定的体感区。如上腹部内脏的传入与躯干区重叠;盆腔的传入则投射于下肢代表区。此外,边缘系统的皮层部位也是内脏感觉的投射区。

9.4 神经系统对躯体运动的调节

躯体运动是动物对外界反应的主要活动。任何躯体运动,都是由许多骨骼肌的协调和配合收缩来实现的,并且必须在神经系统各个部位的调节下才能完成。

9.4.1 脊髓对躯体运动的调节

脊髓是中枢神经系统的低级部位,通过脊髓可以完成一些较简单的反射活动。

当骨骼肌受到外力牵拉使其伸长时,能反射性地引起受牵拉的同一肌肉收缩,称为牵张反射。牵张反射有两种类型,即腱反射(也称为位相性牵张反射)和肌紧张(也称为紧张性牵张反射)。

1）腱反射

腱反射是指快速牵拉肌腱时发生的牵张反射,主要发生于快肌纤维,其中枢延搁时间相当于一个突触传递所需的时间,因此是一种单突触反射。例如叩击跟腱引起腓肠肌收缩的跟腱反射,就是一种典型的腱反射。

2）肌紧张

骨骼肌受到缓慢而持续的牵拉时,使该肌肉经常处于持续的轻度收缩的状态,称为肌紧张。例如,支持体重的关节受重力作用而使其趋向弯曲时,势必使伸肌受到持续的牵拉,从而产生伸肌肌紧张,以对抗关节的屈曲,维持直立姿势。

牵拉反射的低级中枢位于脊髓腹角,传出纤维是脊髓腹角 α-运动神经元和 γ-运动神经元发出的纤维,分别控制梭外肌和梭内肌,引起收缩,产生肌紧张,使其不被拉长。外力牵拉愈强,肌紧张愈为强烈(见图9.10)。

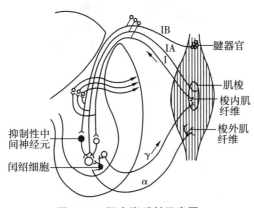

图 9.10　肌牵张反射示意图

9.4.2　脑干对肌紧张和姿势的调节

脑干包括延髓、脑桥和中脑。脑干除了有神经核以及与它相联系的前行和后行的神经传导束外,还有纵贯脑干中心的网状结构。脑干网状结构的是中枢神经系统中最重要的皮层下整合调节机构。

1)脑干网状结构对肌紧张的调节

脑干网状结构是指从延髓、脑桥、中脑内侧全长直到间脑这一脑干中央部分的广大区域,有许多散在神经元以短突起相互形成突触联系,交织成网状的部位。其中具有抑制肌紧张和运动的区域,叫抑制区。主要位于延髓网状结构的腹内侧部分。在正常情况下,脑干网状结构抑制区的活动需要大脑皮层、尾状核和小脑下行抑制系统的始动作用。如果失去这种始动作用,可使该抑制区的活动减弱,使肢体的肌紧张亢进。

脑干网状结构中还有加强肌紧张和运动的区域,称为易化区,包括延髓网状结构的背外侧部、脑桥和中脑的延伸,向上直至间脑的网状结构。它通过网状脊髓束和前庭脊髓束兴奋 γ-运动神经元,对肌紧张和躯体运动起加强作用。

2)去大脑僵直

在中脑前与后丘之间完全切断动物的脑干,可出现四肢僵直,脊柱硬挺,头向后仰,尾部翘起,躯体呈角弓反张姿态,称为去大脑僵直。

3)脑干对姿势的调节

中枢神经系调节骨骼肌的肌紧张或产生相应运动,以保持或改正动物躯体在空间的姿势,称为姿势反射。前述的对侧伸肌反射和牵张反射是最简单的姿势反射。状态反射、翻正反射等是较为复杂姿势反射。

(1)状态反射　动物头部在空间的位置改变或头部与躯干的相对位置改变时,反射

性地改变躯体肌肉的紧张性,称为状态反射。正常动物由于存在高级中枢,状态反射被抑制而不易显现出来(见图9.11)。

图9.11　状态反射示意图

A.头俯下时　B.头上仰时　C.头弯向右侧时　D.头弯向左侧时

(2)翻正反射　当动物被推倒或使它从空中仰面放落时,它能迅速翻身、起立或改变为四肢朝下的姿态而着地,这种复杂的姿势反射称为翻正反射(见图9.12)。

图9.12　翻转猫从空中下坠过程中的翻正反射

9.4.3　小脑对躯体运动的调节

小脑是躯体运动调节的重要中枢。它与脑的其他部位通过3条途径而发挥对躯体运动的调节作用。一是通过它与前庭系统的联系,维持身体平衡;二是通过与中脑红核等部位的联系,调节全身的肌紧张;三是通过与丘脑和大脑皮层的联系,控制躯体的随意运动。

当破坏动物的小脑后,导致肌肉软弱无力,肌紧张降低,平衡失调,站立不稳,四肢分开,步态蹒跚,体躯摇摆,容易跌倒。全部切除禽类小脑后,不能行走或飞翔;切除一侧小脑后,则同侧腿部僵直。

9.4.4　大脑皮层对躯体运动的调节

大脑皮层是控制和调节躯体运动的最高级中枢,这是通过锥体系统和锥体外系统来实现的。实验证明,皮质运动区支配对侧骨骼肌,呈现左右交叉关系,即左侧运动区支配右侧躯体的骨骼肌,右侧运动区支配左侧躯体的骨骼肌(见图9.13)。

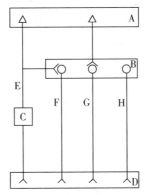

图 9.13　锥体系统和锥体外系统示意图
A.大脑皮层　B.皮层下核团　C.延髓锥体　D.脊髓　E.锥体束
F.旁锥体外系　G.皮层起源的锥体外系　H.经典的锥体外系

1)锥体系统

皮质运动区内存在着许多大锥体细胞,这些细胞发出粗大的下行纤维组成锥体系统。其纤维一部分经脑干交叉到对侧,与脊髓的运动神经元相连,调节各小组骨骼肌参与的精细动作。如锥体系统受损坏,随意运动即消失。

2)锥体外系统

除了大脑皮层运动区外,其他皮层运动区也能引起对侧或同侧躯体某部分的肌肉收缩。这些部分和皮质下神经结构发出的下行纤维,大部分组成锥体外系统。该系统调节肌肉群活动,主要是调节肌紧张,使躯体各部分协调一致。如家畜前进时,四肢运动能协调配合。正常生理状态下,皮质发出的冲动通过两个系统分别下传,使躯体运动既协调又准确。动物的锥体系统不如锥体外系统发达。当锥体外系统受损伤后,机体虽能产生运动,但动作不协调、不准确。因此,在协调运动中锥体外系统更为重要。

9.5　神经系统对内脏活动的调节

调节内脏活动的神经结构由于通常不受主观意识的控制而有一定的自律性,故称之为自主神经系统,也称为植物性神经系统。自主神经系统分为中枢和外周两部分(见图9.14)。

植物性神经系统包括传入神经(常与躯体传入纤维并行)、中枢和传出神经3个部分,习惯上主要是指支配内脏和血管的传出神经,并将其分为交感神经和副交感神经。

大多数内脏器官都受交感和副交感神经的双重支配。

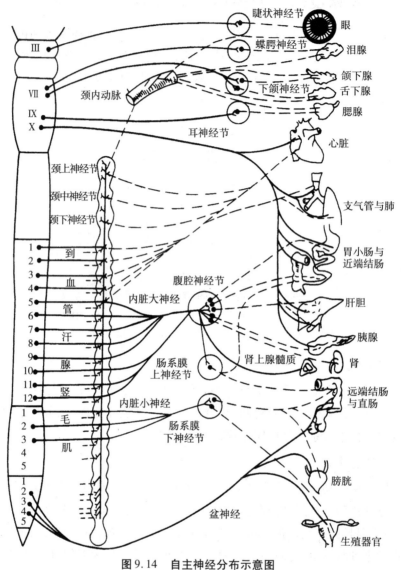

图 9.14　自主神经分布示意图

（细线：交感神经；粗线：副交感神经；实线：节前纤维；虚线：节后纤维）

9.5.1　交感与副交感神经的特征

与支配骨骼肌活动的躯体神经相比，交感和副交感神经具有突出的结构和生理特征。

1）植物性神经的特征

植物性神经纤维离开中枢神经系统后，不直接与所支配的器官联系，而是先抵达神经节更换神经元，再发出纤维到达所支配的器官。因此，中枢的兴奋，通过植物性神经传到效应器，必须通过两个神经元，通常把从中枢神经系统到神经节的纤维叫节前纤维，而神经节到效应器的纤维称为节后纤维。一般副交感神经的节后纤维很短,神经节多位于所支配的器官附近或内部。

2)交感神经的特征

交感神经起源于胸、腰脊髓(胸部第一节至腰前几节)灰质侧角,随脊髓腹角发出后,离开脊髓通过交通支进入交感神经节。副交感神经起源比较分散,有一部分来自脑干的Ⅲ、Ⅶ、Ⅸ、Ⅹ对脑神经的副交感神经核,另一部分起自骶脊髓部Ⅱ～Ⅳ节段灰质。

3)交感神经和副交感神经的作用范围

刺激交感神经的节前纤维,由于它往往通过交感神经链和节后神经元发生突触联系,所以反应比较广泛。而刺激副交感神经的节前纤维,因为它只与极少的突触联系,所以反应比较局限。

交感神经的分布极为广泛,几乎支配全身所有的内脏器官,而副交感神经的分布比较局限,某些器官缺乏它的支配,例如皮肤和肌肉内的血管、肾上腺髓质和汗腺、竖毛肌等。

4)交感神经和副交感神经的反应特征

当刺激交感神经节前纤维时,效应器发生反应的潜伏期长,停止刺激后,其作用还可以持续数秒至几分钟。刺激副交感神经节前纤维到引起效应器反应,潜伏期短,而且刺激停止后,反应持续时间也短。

9.5.2　植物性神经的功能

植物性神经系统对各器官的调节功能(见表9.2)。

表9.2　植物性神经的主要功能

器　官	交感神经	副交感神经
心血管	心搏加快、加强; 腹腔脏器血管、皮肤血管、唾液腺与外生殖器血管:收缩; 肌肉血管:收缩或舒张(胆碱能)	心搏减慢、收缩减弱; 血管舒张:分布于软脑膜与外生殖器的血管
呼吸器官	支气管平滑肌舒张	支气管平滑肌收缩、黏液分泌
消化器官	分泌黏稠唾液、抑制胃肠运动,促进括约肌收缩,抑制胆囊活动	分泌稀薄唾液,促进胃液、胰液分泌,促进胃肠运动,括约肌舒张,胆囊收缩
泌尿、生殖器官	逼尿肌舒张,括约肌收缩,子宫(有孕)收缩和子宫(无孕)舒张	逼尿肌收缩,括约肌舒张
眼	瞳孔放大,睫状肌松弛,上眼睑平滑肌收缩	瞳孔缩小,睫状肌收缩,促进泪腺分泌
皮肤	竖毛肌收缩,汗腺分泌	
代谢	促进糖分解,促进肾上腺髓质分泌	促进胰岛素分泌

1) 对同一效应器的双重支配

在具有双重支配的器官中,交感神经和副交感神经的作用往往是彼此颉颃的。例如对心搏活动,交感神经使之加速、加强,而副交感神经却使它变慢、减弱。这两种效应的生理意义在于:可使心脏的泵血功能能灵活地适应不同生理状态下对循环血量的需要。从能量代谢上看,交感神经活动与能量消耗、动员储备以及发挥器官潜力等过程有关;迷走神经活动则与同化代谢、能量吸收、储备及体能的调整与恢复有关。交感神经与副交感神经一张一弛,收放有律,相互矛盾又协调统一,共同保持机能的稳态。

2) 紧张性作用

在静息状态下,植物性神经发放低频的神经冲动传到效应器,称之为紧张性作用。例如,切断支配心脏的迷走神经,心跳就加快,说明迷走神经对心脏起持续性的抑制作用,去除了紧张性作用后,于是心跳加速。交感神经对心脏的紧张性作用恰与此相反,切断心交感神经可使心跳变慢。

3) 交感-肾上腺系统与应急

当动物遇到各种紧急情况,例如激烈运动,失血、疼痛、寒冷时,机体立即发生一系列的交感-肾上腺系统活动的亢进现象,称为应急。这是在神经体液因素作用下,动员各器官的潜在力量,提高适应能力,应付环境的剧烈改变。应急状态虽是全身广泛投入反应,但机体是有选择性地作出具体对策。例如针对出血的反应,主要表现于心血管系统的应急活动;对于高温或严寒刺激,则主要通过体温调节机制作出应答。

9.5.3　内脏活动的中枢性调节

1) 脊髓

交感神经和部分副交感神经起源与脊髓灰质外侧角,因此脊髓可以成为植物性反射的初级中枢。它整合着简单的植物性反射,主要是局部的节段性反射活动。常见的反射中枢有:排粪反射、排尿反射、勃起反射、血管运动反射、出汗与竖毛反射等。

2) 低位脑干

由延髓发出的植物性神经传出纤维支配头面部的所有腺体、心、支气管、喉、食管、胃、胰腺、肝和小肠等。同时,脑干网状结构中存在许多与内脏活动功能有关的生命活动中枢,如呼吸中枢、心血管运动中枢、咳嗽中枢、呕吐中枢、吞咽中枢、唾液分泌中枢等。这些中枢完成比较复杂的植物性反射活动。

3) 下丘脑

下丘脑是较高级的调节内脏活动的中枢。它能把内脏活动与其他生理活动联系起来,调节体温、水平衡、内分泌、营养摄取、情绪反应等生理过程。

(1)体温调节　下丘脑存在体温调节的主要中枢,外周感受器受冷热刺激后,必须通过下丘脑才能产生全身性反应。

(2)摄食活动的调节　下丘脑有摄食中枢和饱中枢。前者位于外侧区,后者位于腹内侧核。毁坏下丘脑外侧区,则动物拒食;毁坏下丘脑腹内侧核,则动物食欲大增。饱中枢对摄食中枢有抑制作用。用微电极分别记录下丘脑外侧区和腹内侧核的神经元放电,可观察到前者放电频率高于后者。当静脉内注入葡萄糖后,放电频率高、低两者呈倒置现象,说明血糖水平可能调节摄食活动。

(3)水平衡的调节 下丘脑的视上核和室旁核是水平衡的调节中枢。它从两方面调节水平衡。一是控制抗利尿激素的分泌,二是控制饮水。控制饮水的区域在摄食中枢附近,刺激这个区域可使动物饮水增多;破坏这个区域,则使饮水明显减少或拒饮。一般认为,下丘脑内存在渗透压感受器,可能位于视上核和室旁核内。可见控制饮水与控制抗利尿激素分泌在功能上是有联系的。

(4)对情绪反应的影响 下丘脑靠近中线两侧的腹内侧区是所谓的"防御反应区"。在麻醉情况下,电刺激该区可引起骨髓肌血管舒张,同时伴有血压上升,心率加快,皮肤及小肠血管收缩等。在动物清醒条件下,电刺激该区可出现防御性行为,如张牙舞爪、吼叫、瞳孔散大、竖毛、血压升高及肾上腺素分泌增加等反应。

(5)内分泌功能以及对生殖活动的影响 下丘脑有关核团合成并分泌多种释放激素。在代谢、生长、发育以及生殖、泌乳等的调控活动中,下丘脑-垂体-外周内分泌腺轴,均起极其重要的作用。

4)大脑的边缘系统

大脑半球内侧面皮层与脑干连接部和胼胝体旁的环周结构称边缘叶,边缘叶和与它相关的某些皮层下神经核合称为大脑边缘系统。该系统是调节内脏活动的十分重要的高级中枢,能调节许多低级中枢的活动,其调节作用复杂而多变。

9.6 脑的高级功能

9.6.1 条件反射

反射活动可分为非条件反射和条件反射。非条件反射是通过遗传获得的先天性反射活动,它能保证动物机体各种基本生命活动的正常进行。动物出生后,在生活过程中能不断地形成新的反射。例如:在很远的地方就能辨识食物,主动去寻找;在伤害性刺激没有作用于机体之前,能预先主动地回避等。这些后天获得的反射就是条件反射。这类反射比非条件反射复杂得多,一般认为是脑的高级活动。

1)条件反射的形成

当喂狗食物时能引起狗分泌唾液,这是非条件反射。如果给狗以灯光或铃声刺激,则不能引起唾液分泌,因为这时的灯光和铃声都与分泌唾液无关,称为无关刺激。如果每次喂食之前,总是先出现铃声或灯光,然后紧接着给食物。这样反复结合一定次数后,铃声或灯光一经出现,狗就会分泌唾液。铃声或灯光原为无关刺激,但是与食物多次结合之后,转变为可引起唾液分泌的作用,即无关刺激已成为食物的信号,称为信号刺激或

条件刺激。这种由刺激引起的反射即称为条件反射。

2）影响条件反射形成的因素

条件反射的形成受许多条件的限制,归纳起来有两个方面:

(1)刺激　条件刺激必须与非条件刺激多次复合紧密结合;条件刺激必须在非条件刺激之前或同时出现;刺激强度要适易;已建立起来的条件反射要经常用非条件刺激来强化和巩固,否则条件反射会逐渐消失。

(2)动物机体　要求动物必须是健康的,大脑皮层必须清醒。昏睡或病态的动物是不易形成条件反射的。此外,还应避免其他刺激对动物的干扰。

3）条件反射的消退

条件反射建立以后,如果接连单独应用条件刺激而不用非条件刺激强化,那么条件反射越来越脆弱,最后完全不出现,这叫条件反射的消退。条件反射消退并不是这种条件反射已经丧失,而是由于原来会引起中枢兴奋的条件刺激,转化成引起中枢抑制的刺激。所以条件反射消退又称做阴性条件反射。

4）条件反射的生物学意义

①动物在后天生活过程中建立了大量的条件反射,可大大扩充机体的发射活动范围,增强机体活动的预见性和灵活性,从而提高机体对环境的适应能力。

②条件反射既数量无限,又有一定可塑性;既可强化,又可消退。人类可以利用这种可塑性,使动物按人们的意志建立大量条件反射,便于科学饲养管理和合理使用,以提高动物的生产性能。

9.6.2　动力定型

动物在一系列有规律的条件刺激与非条件刺激结合作用下,经过反复、多次的强化,神经系统能够相当巩固地建立起一整套与刺激相适应的功能活动,表现出一整套有规律的条件反射活动。在这种情况下所形成的整套条件反射,叫做动力定型。动物在长期生活过程中所形成的"习惯",实际上就是动力定型的表现。

动力定型的原理对畜牧业实践有重要指导意义。正确的饲养管理强调要建立一定的制度,要尽量做到有规律,就是为了有利于动物建立和巩固动力定型,从而减轻皮层及皮层下高级中枢调节、整合活动的负担,并使家畜的各种生理活动最大限度适应于其生活环境,达到提高动物生产性能的目的。

9.6.3　神经活动类型

1）动物的神经活动类型

可分为兴奋型、活泼型、安静型和抑制型4种类型。各型之间还有许多介于两者之间的过渡类型。

(1)兴奋型　神经元有较强的活动能力,但兴奋活动的能力显著强于抑制活动。行为上表现急躁、暴烈、活泼、不易受约束和带有攻击性。它们能迅速地建立条件反射,而且比较巩固,但条件反射的精细程度和对类似刺激的辩识能力差。

（2）活泼型　神经元的活动能力较强,兴奋和抑制两种神经活动发展得比较均衡,而且较容易和迅速地相互转化。活泼、好动,对周围微小的变化迅速发生反应。条件反射形成快,能精细地辨别极相似的刺激,并作出不同的反应,善于适应变化复杂的环境。这是生理上最好的神经型。

（3）安静型　神经元的活动能力比较强,兴奋和抑制两种神经活动发展得比较均衡,但互相转化较为缓慢。表现安静、细致、温顺有节制,对周围的变化反应冷谈。能很好地建立条件反射,但形成的速度较慢。

（4）抑制型　神经元的活动能力很差,抑制活动的能力显著大于兴奋活动。表现胆怯,不好动,易于疲劳,常常畏缩不前和带有防御性。一般较难形成条件反射,形成后也不巩固。它们不能适应变化复杂的环境,也难于胜任较强和较持久的活动。这是生理上最差的类型。

2）神经类型的形成

动物神经类型不但决定于神经系统的遗传性,还决定于个体后天受到的环境影响。实践证明,动物神经类型的形成,一般都在幼龄阶段。因此,可在幼龄阶段开始进行定向培育,以期形成具有良好生产性能的神经类型。

复习思考题

1. 神经纤维的兴奋性传导有何特点?
2. 兴奋性突触传递与抑制性突触传递有何不同?
3. 中枢兴奋过程有何特点?
4. 畜牧业生产中如何利用条件反射进行科学饲养管理?
5. 交感神经与副交感神经的功能有何不同?

第10章 内分泌生理

本章导读：了解激素的概念及一般特性、激素的作用机理和分泌调节。熟悉各种激素的生理功能。掌握临床上常用激素的特性及其应用。

内分泌系统是由机体的内分泌腺以及散布于全身的内分泌细胞共同组成的信息传递系统，具有重要的生理作用。它参与机体内各种生理机能的调节；促进组织细胞分化成熟，保证各器官的正常生长发育和功能活动；调控生殖器官发育、成熟和生殖过程的正常进行。此外，还与神经系统、免疫系统相互联系，构成神经-内分泌-免疫调节网络，维持内环境的相对稳定。

10.1 概　述

10.1.1 激素及其分类

1）激素的概念

激素是由内分泌腺或内分泌细胞分泌的高效化学活性物质。这类物质随血液循环于全身，并诱导靶器官或靶细胞产生特殊的生理效应。

2）激素的分类

激素的种类繁多，来源复杂，按其化学性质可分为含氮激素、类固醇（甾体）激素两大类。

（1）含氮激素

①肽类激素。主要有下丘脑调节肽、神经垂体激素、降钙素以及胃肠道激素等。

②蛋白质激素。主要包括垂体激素、胰岛激素、甲状旁腺激素等。

③胺类激素。包括肾上腺素、去甲肾上腺素和甲状腺激素等。

（2）类固醇（甾体）激素　是由肾上腺皮质和性腺分泌的激素。另外，胆固醇的衍生物——1,25-二羟胆钙化醇（又称1,25-二羟维生素 D_3）也被作为该类激素看待。

10.1.2　激素的一般特征

1）激素是一种信息物质

在机体的生命活动过程中,激素仅起"信使"的作用,在细胞与细胞之间传递信息。激素传递信息的方式包括:

（1）远距分泌　指激素由血液运输到距分泌部位较远的靶组织发挥作用的方式,如腺垂体激素等。

（2）神经分泌　指一些形态和功能都具有神经元特征的神经内分泌细胞,其轴突末梢向细胞间液分泌神经激素传递信息的方式,如下丘脑神经肽等。

（3）旁分泌　指有些内分泌细胞分泌的激素,可以不通过血液运输,仅通过组织液扩散直接作用于邻近的细胞,如胃肠激素等。

（4）自分泌　指激素被分泌到细胞外以后,又反作用于分泌该种激素的细胞自身,发挥自我反馈的调节作用,如前列腺素等。

此外,在动物繁殖学中对发情雌性动物阴门流出液中能诱发雄性动物性兴奋的某些化学物质称为外激素（信息激素）,它是通过挥发经空气传播的诱导异性的激素（见图10.1）。

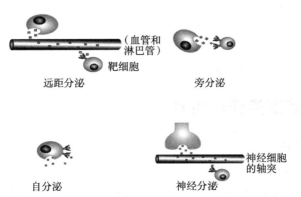

图 10.1　激素的递送方式示意图

所有这些作用主要是改变细胞内的酶活性,因此激素调控机体的生理活动时,只能起加速或减慢的作用,不能发动新的反应。

2）激素作用的相对特异性

激素释放进入血液后,只选择地作用于某些器官、组织和细胞,此种特性称为激素作用的特异性,被激素作用的细胞、组织或器官叫做靶细胞、靶组织或靶器官。其特异性与靶细胞上存在能与该激素发生特异性结合的受体有关。

有些激素作用的特异性很强,只作用于某一个靶器官,如促甲状腺激素只作用于甲状腺,促肾上腺皮质激素只作用于肾上腺皮质等;有些激素作用广泛,无特定的靶器官,如生长激素、甲状腺激素、前列腺素等,几乎作用于全身各部位的细胞。

3）激素的高效放大作用

正常情况下，激素在血液中的浓度都很低，一般为纳摩尔（nmol/L），甚至皮摩尔（pmol/L）数量级，但其作用显著。这是由于激素与靶细胞的受体结合后，细胞内发生一系列的酶促放大反应，逐级放大效果，形成一个效能极高的生物放大系统，使靶器官的生理活动明显增强或减弱。

4）激素之间的相互作用

（1）协同作用　多种激素在调节同一生理过程时，共同引起一种生理功能的增强或减弱，如胰高血糖素与肾上腺素合用升高血糖作用明显。

（2）拮抗作用　两种激素在调节同一生理过程，可产生相反的生理效应。如胰岛素能降低血糖，而胰高血糖素等则升高血糖，这些激素的作用相拮抗，共同维持血糖正常浓度。

（3）允许作用　有些激素本身并不能直接对某些组织细胞产生生理效应，然而在它存在的条件下，可使另一种激素的作用明显加强，即对另一种激素的效应起支持作用，这种现象称为允许作用。如糖皮质激素本身对心肌和血管平滑肌收缩没有调节作用，但它的存在可使儿茶酚胺对心血管活动的调节明显加强。

5）激素的半衰期

激素的半衰期一般只有几十分钟。如促肾上腺皮质激素的半衰期约为 25 min，较长的也只有几天。所以为了保证激素的经常性调控作用，各内分泌组织经常处于活动状态，以维持激素在血液中的基础浓度。

10.1.3　激素的作用机理

1）激素的受体

激素的受体是指靶细胞上能识别并专一性结合某种激素，继而引起各种生物效应的功能蛋白质。受体都是大分子蛋白质，一个靶细胞可拥有 2 000 ~ 100 000 个受体。它作为激素信号的接受者具有高度的特异性和亲和性。

2）含氮激素作用机理——第二信使学说

第二信使学说认为含氮激素是第一信使，环磷酸腺苷（cAMP）是第二信使。当含氮激素到达靶细胞后，首先与靶细胞膜上的特异受体结合，激活细胞膜上的腺苷酸环化酶（AC），活化的 AC 在 Mg^{2+} 参与的条件下，促使靶细胞浆中的 ATP 分子的高能磷酸键连续断裂，依次降解为 ADP、AMP，并使 AMP 由链状转为环状，形成环-磷酸腺苷（cAMP）。cAMP 作为第二信使，可激活细胞内原本无活性的蛋白激酶系统（主要是蛋白激酶 A），从而加强或减弱细胞原有的生理效应。cAMP 在发挥作用后，迅速被磷酸二酯酶降解为 $5'$-磷酸腺苷（$5'$-AMP）而失去活性。

在含氮激素对靶细胞发挥调节作用的过程中，一系列的连锁反应在依次发生，第一信使的作用在逐级被放大。因此，激素在血液中的浓度甚微，但在靶细胞上最终出现的生理效应却非常显著(见图10.2)。

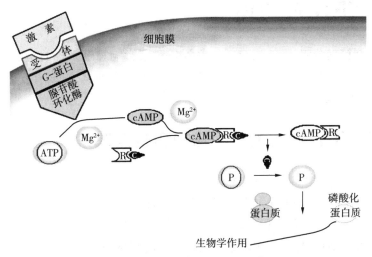

图 10.2　含氮激素作用原理示意图

近年来的研究资料表明,cAMP 并不是唯一的第二信使,可能作为第二信使的化学物质还有环磷酸鸟苷(cGMP)、三磷酸肌醇(IP3)、二酰甘油(DG)及 Ca^{2+} 等。而细胞内的蛋白激酶除 PKA 外,还有蛋白激酶 C(PKC)和蛋白激酶 G(PKG)等。

3)类固醇(甾体)激素作用机理——基因表达学说

类固醇激素的分子量小,有脂溶性,可以透过细胞膜进入细胞内,通过调节基因表达,发挥生物效应,所以这种作用机制称为基因表达学说。

其基本过程为首先激素与胞浆受体结合,形成激素-胞浆受体复合物,该复合物在 37 ℃的条件下发生构型改变,获得透过核膜的能力,由胞浆转移至核内。然后,进入核内的复合物与核受体结合,形成激素-核受体复合物,启动该部位 DNA 片段的转录过程,生成新的 mRNA,mRNA 透出核膜,在胞浆诱导新蛋白质的合成,从而加强或减弱细胞原有的生理效应。另一些类固醇激素(如雌激素、孕激素、雄激素)进入靶细胞后可直接穿越核膜,与相应的核受体结合,调节基因表达(见图10.3)。

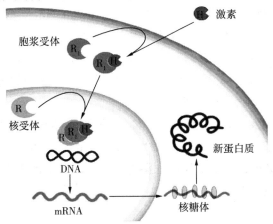

图 10.3　类固醇激素作用原理示意图

10.2　下丘脑-垂体

神经系统调控内分泌活动,内分泌腺又通过激素影响神经系统的功能,它们紧密联系、相互协调,共同维持机体内环境的相对稳定。下丘脑与垂体之间,存在着结构与功能的密切联系,并将神经调节与体液调节紧密结合在一起。

10.2.1　下丘脑与垂体的结构和机能联系

1)下丘脑与垂体的结构

下丘脑位于丘脑的腹侧,由前至后可分为3个区:

①前区或称视上区,包括视交叉上核、视上核、室旁核等。

②中区或称结节区,包括正中隆起、弓状核、腹内侧核等。

③后区或称乳头区,包括背内侧核、乳头体等(见图10.4)。

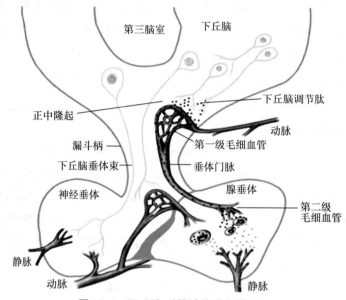

图 10.4　下丘脑-垂体功能单位模式图

下丘脑中具有内分泌细胞结构特点的多核神经元,被称为下丘脑的神经内分泌细胞,它们能分泌肽类激素或神经肽,统称为肽能神经元。下丘脑的神经内分泌细胞可分为大细胞肽能神经元和小细胞肽能神经元两种。

垂体位于蝶骨垂体窝中,是个卵圆形小体,分为腺垂体和神经垂体两部分。腺垂体是腺体组织,包括远侧部、结节部(漏斗部)和中间部;神经垂体是神经组织,包括神经部(漏斗突)和漏斗柄(又可分为正中隆起和漏斗蒂)。远侧部和结节部常合称为前叶,中间部和神经部常合称为后叶。

2）下丘脑与垂体的机能联系

（1）直接联系　这种方式是通过下丘脑-神经垂体系统传递信息的。位于下丘脑前部的视上核、室旁核既有典型神经元功能，又具有合成、分泌抗利尿激素和催产素的功能。其轴突构成下丘脑-垂体束，不仅传导冲动，而且经轴浆运输将这两种激素运至神经末梢，终止于神经垂体的毛细血管壁上，并在神经垂体部位贮存。当这些神经元兴奋时，神经垂体激素释放入血液，因此，可将神经垂体视为下丘脑延伸部分，下丘脑与神经垂体在结构与功能上实为一体。

（2）间接联系　这种方式是通过下丘脑-腺垂体系统传递信息的。下丘脑内小细胞神经元所在的区域称为下丘脑促垂体区，这里的肽能神经元分泌的肽类激素统称为下丘脑调节肽，有调节腺垂体激素分泌的功能。下丘脑调节肽包括释放激素和释放抑制激素。下丘脑促垂体区分泌的激素，经由第一级毛细血管网，垂体门微静脉及第二级毛细血管网所组成的垂体门脉系统汇合成为垂体静脉，进而对腺垂体分泌进行调节（见图10.5）。

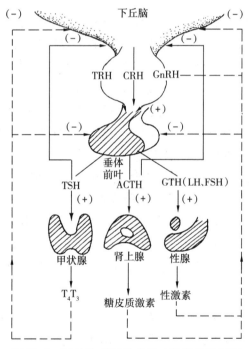

图 10.5　下丘脑-腺垂体分泌功能调节示意图

10.2.2　下丘脑分泌的激素及其生理作用

1）下丘脑分泌的激素

现已经确定下丘脑分泌的下丘脑调节肽有 9 种，其中化学结构已阐明的称为激素，尚不明的暂称为因子。它们分别促进或抑制腺垂体某种特定激素的合成和分泌，其中促进分泌的称为释放激素（因子），抑制分泌的称为释放抑制激素（因子）。

（1）促甲状腺激素释放激素（TRH）　　TRH 是由谷氨酸、组氨酸和脯氨酸结合而成的三肽，已能人工合成。主要生理作用是促进腺垂体释放促甲状腺激素（TSH），从而使血液中的甲状腺激素（T_3 和 T_4）浓度升高。TRH 还能促进腺垂体分泌催乳素和生长激素。近年还发现 TRH 对胃液分泌和胃运动有抑制作用。

（2）促性腺激素释放激素（GnRH）　　GnRH 是由 10 个氨基酸组成的 10 肽激素，已能人工合成，主要生理作用是促进腺垂体释放卵泡刺激素（FSH）和黄体生成素（LH）两种促性腺激素，其中对 LH 的刺激作用较强，所以又称黄体生成素释放激素（LRH）。此外，GnRH 对动物的性行为有促进作用。GnRH 呈脉冲式分泌，并引起 FSH 和 LH 在血中的浓度出现波动。

（3）生长素释放激素（GHRH）　　GHRH 是多肽类激素。它的生理作用是促进腺垂体生长激素分泌细胞合成并分泌生长激素（GH）。GHRH 呈脉冲式释放，控制着腺垂体 GH 的脉冲式释放。新近用 DNA 重组技术得到除 $GHRH_{37}$ 以外的 $GHRH_{40}$ 和 $GHRH_{44}$ 的基因，这些基因已被克隆化，并在酵母系统中传代和表达，为 GHRH 的应用开拓了可喜的前景。

（4）生长素释放抑制激素（SS 或 GHRIH）　　SS 是由 14 个氨基酸或 28 个氨基酸组成的肽类激素，已能人工合成。生理作用极为广泛，它可以抑制因运动、进食、应激、低血糖等因素引起的 GH 分泌活动；抑制黄体生成素（LH）、卵泡刺激素（FSH）、促甲状腺激素（TSH）、催乳素（PRL）、促肾上腺皮质激素（ACTH）、胰岛素、胰高血糖素肾素、甲状旁腺素、降钙素以及多种胃肠激素的分泌。此外，对神经活动也有抑制作用。

（5）促肾上腺皮质激素释放激素（CRH）　　CRH 是 41 肽，它的生理作用是促进腺垂体合成并释放促肾上腺皮质激素（ACTH）。

（6）催乳素释放因子（PRF）和催乳素释放抑制因子（PIF）　　下丘脑分泌的 PRF 和PIF 化学结构还未完全弄清，对它们的分布和活动规律了解较少，有人认为 PIF 可能就是多巴胺。PRF 和 PIF 分别促进和抑制腺垂体催乳素（PRL）的分泌。

（7）促黑（素细胞）激素释放因子（MRF）和促黑（素细胞）激素释放抑制因子（MIF）　　MRF 和 MIF 可能都是小分子肽类物质。它们分别能促进和抑制腺垂体分泌促黑（素细胞）激素（MSH）的释放。

2）下丘脑促垂体激素的分泌调节

下丘脑促垂体激素的分泌，一方面受到中枢神经的控制，另一方面又受体液中激素和代谢物质的浓度的反馈调节作用，特别是靶腺激素的调控。

（1）激素调节　　下丘脑调节肽对腺垂体细胞的分泌功能有重要的调节作用，腺垂体分泌的激素又调节各自靶组织的活动。

（2）神经调节　　内外环境的各种刺激，可以通过中枢神经系统（主要是中脑、边缘系统和大脑皮层）传来的神经纤维所释放的神经递质来调节下丘脑激素的分泌。

10.2.3　神经垂体分泌的激素及其生理作用

1)神经垂体分泌的激素

神经垂体不含腺细胞,不能合成激素,神经垂体激素的合成部位是下丘脑视上核和室旁核。神经垂体中含有两类激素,一类是催产素(OXT),另一类是抗利尿激素(升压素,ADH)。ADH 与 OXT 的化学结构相似,均为多肽,因而作用有交叉,即 ADH 有轻度催产的作用,但活性只有催产素的 3% 左右;OXT 也有轻度的抗利尿作用,活性大约分别为抗利尿素的 0.5% ~1% 。

(1)催产素(OXT)　主要由室旁核产生,主要生理作用有:

①促使乳腺腺泡周围的肌上皮收缩,将乳汁挤入乳腺导管系统,促进排乳,同时有维持乳腺泌乳,防止其萎缩的作用。

②促进哺乳动物的子宫平滑肌在交配和分娩时收缩,交配时可促使精子通过雌性生殖道,分娩时有利于胎儿产出。对分娩后子宫使用大量催产素可使子宫剧烈收缩,减少产后出血。

(2)抗利尿激素(ADH)　又称升压素或血管加压素,主要由视上核产生,主要生理作用有:

①与肾脏的远球小管和集合管上皮细胞的特异受体结合,激活腺苷酸环化酶,形成cAMP,使管腔膜蛋白磷酸化,改变膜的结构,增加水的通透性,促进水的重吸收,从而减少尿量,具有抗利尿效应。

②对血管的作用:生理剂量的 ADH 无明显的升压作用。大剂量 ADH 能使全身小动脉及毛细血管收缩,血压升高,但它也使冠状血管收缩,引起心肌供血不足,反而使心脏活动减弱,故不用于升压。

2)神经垂体激素分泌的调节

(1)ADH 分泌的调节　ADH 的分泌与释放受血浆晶体渗透压和循环血量的双重调节。在下丘脑的视上核及其附近有渗透压感受器,当血浆渗透压增加 1% ~2% ,渗透压感受器兴奋,冲动沿下丘脑-垂体束传至神经垂体,引起 ADH 释放,ADH 便发挥保水作用,以维持渗透平衡。同时,与饮水中枢共同作用调节脱水带来的渗透压变化。当血浆晶体渗透压下降,则发生逆反应。

(2)催产素分泌的调节　催产素的分泌调节以神经调节为主。

①排乳反射是幼龄动物吸吮乳头引起乳汁分泌和排出的反射,是一种典型的神经内分泌反射。当哺乳或挤乳对乳头的刺激通过乳头和皮肤感受器将信息传至下丘脑,使分泌催产素的神经元兴奋,再将信息沿下丘脑-垂体束传送到神经垂体,使贮存在此处的OXT 释放入血,引起乳腺中肌上皮细胞的收缩,腺泡和终末导管中的乳汁排出。畜牧生产中,良好的环境和操作能使母牛形成良性排乳条件反射,提高产奶量。

②交配和分娩时对子宫颈和阴道的刺激,可反射性地引起催产素分泌,使子宫平滑肌收缩加强,交配时利于精子通过雌性生殖道,分娩时利于胎儿产出。雌激素能增加子

宫对催产素的敏感性,孕激素的作用则相反。

10.2.4　腺垂体分泌的激素及其生理作用

1)腺垂体分泌激素的生物学作用

腺垂体是体内最重要的内分泌腺。主要分泌七种激素,均属蛋白质或肽类。腺垂体激素的作用是多方面的,对代谢、生长、发育和生殖等都有重要作用。

(1)生长激素(GH)

①促进生长。GH 直接作用于全身的组织细胞(特别是骨骼和肌肉),增加细胞的体积和数量,并通过诱导靶细胞在血清中产生生长素介质(SOM),促进钙、磷和硫酸根在软骨中的沉积,加速软骨基质的合成和软骨细胞的分裂,使骨骺部的软骨生长,再钙化成骨,从而促进骨的生长。

②促进代谢。GH 能促进氨基酸,特别是甘氨酸、亮氨酸进入细胞,加强 DNA 合成,刺激 RNA 的形成,加速蛋白质合成,包括软骨、骨、肌肉、肝、肾、心、肺、肠、脑及皮肤等组织的蛋白质合成增强;GH 能促进脂肪分解,使脂肪酸进入肝脏,经氧化后提供能量,因此,血中脂肪酸和酮体增加;生理水平的 GH 可刺激胰岛 B 细胞,引起胰岛素分泌,加强葡萄糖的利用,但过量的 GH 则可抑制葡萄糖的利用,出现所谓 GH 生糖作用,严重时引起垂体性糖尿病;GH 还可增强钠、钾、钙、磷和硫等重要元素的摄取和利用。

(2)促甲状腺激素(TSH)　TSH 由促甲状腺激素细胞分泌的一种糖蛋白,它的主要生理作用是促进甲状腺细胞增生及其活动,促使甲状腺激素的合成和释放。

(3)促肾上腺皮质激素(ACTH)　ACTH 是由促肾上腺皮质激素细胞分泌的含有 39 个氨基酸的多肽。主要作用是促进肾上腺皮质的发育以及糖皮质激素的合成和释放。

(4)促性腺激素(GTH)　GTH 是一种糖蛋白。GTH 可分为卵泡刺激素(FSH)和黄体生成素(LH)两种。

①FSH。FSH 可以促进卵泡生长、发育和成熟,在 LH 和性激素协同作用下,可促进卵泡细胞增殖和发育,对于雄性动物卵泡刺激素称为精子生成素,它能促使睾丸的生精作用,并在睾酮的协同作用下使精子成熟。在畜牧实践中,FSH 常用于诱导发情排卵和超数排卵,治疗卵巢机能疾病等。

②LH。少量 LH 与卵泡刺激素共同促进卵泡分泌雌激素,大量 LH 与 FSH 配合可促进卵泡成熟,并激发排卵,排卵后的卵泡在 LH 作用下转变成黄体。对于雄性动物,LH 又叫做间质细胞刺激素,能促进睾丸间质细胞增殖和合成雄激素。

(5)催乳素(PRL)　PRL 是一种蛋白质激素,主要生理作用是在其他激素参与下,发动和维持泌乳。其次催乳素有促进性腺发育,调节水盐代谢等作用。另外,催乳素还有维持已形成的黄体和促进黄体分泌孕酮的作用,因而 PRL 又被叫做促黄体激素。

在应激状态下,催乳素在血液中的浓度有着不同程度的升高,而且往往与促肾上腺皮质激素(ACTH)及生长素(GH)的浓度增加一同出现,因此有人认为 PRL、ACTH 和 GH 是应激反应中腺垂体分泌的三大激素。

（6）促黑激素（MSH）　MSH 的主要作用是刺激黑素细胞内黑色素的生成和扩散，加深皮肤和毛发的颜色。

2）腺垂体活动的调节

（1）下丘脑促垂体区释放激素和释放抑制激素的作用　GTH、TSH、ACTH 的分泌直接受下丘脑分泌的相应的释放激素的控制；而 GH、PRL 和 MSH 则分别受下丘脑释放的释放激素和释放抑制激素（因子）的双重控制。

（2）神经肽、神经递质和神经调节的作用　抗利尿激素、神经降压肽、5-羟色胺等可促进 GH 分泌；肾上腺素、去甲肾上腺素、γ-氨基丁酸等对 MSH 和 ACTH 分泌有调节作用。

（3）其他中枢部位和外周感受器的作用　MSH 分泌还受下丘脑的直接控制；吮吸刺激乳头可反射地引起 PRL 的分泌增加。

10.3　甲状腺

甲状腺位于气管腹侧，甲状软骨附近，其表面包有一层结缔组织被膜，被膜结缔组织伸入腺体内，把腺体分隔成许多小叶，小叶内含有大小不等的甲状腺滤泡，其周围有丰富的毛细血管和淋巴管。滤泡由单层腺上皮细胞围绕而成，呈囊状，无开口。滤泡腺上皮细胞有两种：一种是滤泡细胞，数目较多，能分泌甲状腺素。另一种是滤泡旁细胞（又称 C 细胞），数量较少，能分泌降钙素。

10.3.1　甲状腺激素的合成、释放与转运

1）甲状腺激素的合成

甲状腺激素主要有四碘甲腺原氨酸（又称甲状腺素，T_4）和三碘甲腺原氨酸（T_3）两种；甲状腺激素合成的主要原料是酪氨酸和碘（见图 10.6）。食物中的碘由肠道吸收后迅速入血，以 I^- 的形式存在于血浆中。甲状腺细胞从血中摄取碘后，被过氧化酶氧化为活化碘，并与甲状腺球蛋白（TG）上的酪氨酸残基结合生成一碘酪氨酸（MIT）和二碘酪氨酸（DIT）。一分子的 MIT 与一分子的 DIT 偶联生成了 T_3，或两分子 DIT 偶联生成 T_4。T_3、T_4 统称为甲状腺激素。

2）甲状腺激素的贮存和释放

（1）甲状腺激素的贮存　在 TG 上形成的甲状腺激素有两个特点：

①以胶质的形式贮存于细胞外（腺泡腔内）。

②贮存量大，可供机体利用 50～120 d，在激素贮存量上居首位，对适应多变的碘供应极为有利。

（2）释放　腺泡细胞以吞饮的方式将腺泡腔内含有 T_3、T_4、MIT、DIT、TG 的球蛋白胶质小滴吞入细胞内，并与溶酶体结合，在蛋白水解酶作用下，将 T_3、T_4、MIT、DIT 解离下来，T_3、T_4 释放入血，MIT、DIT 脱碘，脱下的碘大部分贮存于甲状腺内，小部分入血。

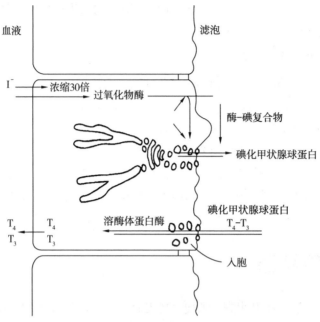

图 10.6　甲状腺激素合成模式图

10.3.2　甲状腺激素的生理功能

1) 对代谢的作用

(1) 对氧化产热的作用　甲状腺激素可提高基础代谢率,有明显的增加产热使绝大多数组织的耗氧量和产热量增加,尤其以心、肝、骨骼肌和肾等组织最为显著。

(2) 对水和电解质的影响　甲状腺激素参与毛细血管正常通透性的维持和促进细胞内液的更新。

(3) 对三大物质代谢的影响　甲状腺激素能促进小肠吸收单糖,增加糖元分解和抑制糖元的合成,从而升高血糖浓度;促进脂肪组织与骨骼肌吸收和氧化葡萄糖;增强肾上腺素对糖代谢的作用和促进胰岛素降解。

甲状腺激素既能促进甘油三酯、磷脂和胆固醇的合成,又能促进这些物质分解,总的效应是分解的作用大于合成作用。

生理剂量的甲状腺激素可以通过刺激 mRNA 形成,促进蛋白质和各种酶的生成,能使机体在不同营养条件下维持总氮的平衡。当食物中含有足够蛋白质时,甲状腺激素常促使蛋白质分解;而当食物蛋白质不足时,则能促进蛋白质合成。但大剂量的甲状腺激素则有抑制蛋白质合成的作用。

2) 对生长发育与生殖的影响

甲状腺激素是机体生长、发育和成熟的重要因素,特别是对脑和骨的发育尤其重要。甲状腺激素作用的发挥是与生长激素协同调控分不开的。生长激素主要促进组织生长,但生长激素的促进作用,需要有适量的甲状腺激素存在,即甲状腺激素对生长激素有"允许作用"。

甲状腺激素对维持正常生殖也有重要影响,哺乳类胚泡的附植必须要有甲状腺激素参与。

3)其他作用

甲状腺激素对神经系统的发育和功能也有重要影响。主要作用是提高中枢神经系统及交感神经的兴奋性;促进心肌终池内钙离子的释放,使心肌收缩力增强,心跳加快,心输出量增加;提高动物食欲。

10.3.3　甲状腺激素分泌的调节

1)下丘脑-腺垂体-甲状腺轴

下丘脑分泌的促甲状腺激素释放激素(TRH)通过垂体门脉系统随血流进入腺垂体,促进腺垂体合成和分泌 TSH,TSH 又促进甲状腺合成和分泌 T_4、T_3。当 T_4、T_3 浓度过高时,能反馈抑制腺垂体 TSH 和下丘脑 TRH 的分泌,使 T_4、T_3 水平相对稳定。TSH 是促进 T_3、T_4 合成和分泌的主要激素,作用于下列环节影响甲状腺激素的合成:促进碘泵活动、增加碘的摄取、促进碘的活化、促进酪氨酸碘化。长期缺碘会引起甲状腺激素合成不足,并伴随发生代偿性甲状腺增生(又称甲状腺肿)。

2)甲状腺的自身调节

小剂量 T_4 能增强甲状腺细胞对 TSH 的敏感性,表现出正反馈作用或允许作用,T_4 和 T_3 增多;大剂量 T_4 则抑制甲状腺细胞对 TSH 的反应,表现负反馈作用。

3)自主神经对甲状腺活动的影响

交感神经促进 T_3、T_4 合成和释放,副交感神经抑制 T_3、T_4 合成和释放。

4)影响甲状腺功能的其他因素

雌激素能加强腺垂体对 TRH 的反应,促进 T_4 和 T_3 分泌,而生长激素则有相反作用。糖皮质激素能抑制下丘脑释放 TRH,从而减少腺垂体分泌 TSH,T_4、T_3 减少。另外,寒冷和妊娠能使甲状腺激素分泌增多。

10.4　甲状旁腺与调节钙、磷代谢的激素

10.4.1　甲状旁腺激素作用及分泌调节

甲状旁腺位于甲状腺附近的小腺体(肉食动物和马的甲状旁腺包埋在甲状腺内部),甲状旁腺由主细胞和嗜酸细胞组成,其中主细胞合成并分泌甲状旁腺激素。

1)甲状旁腺素(PTH)的生理作用

(1)对骨的作用　正常情况下溶骨过程与成骨过程处于动态平衡。PTH 有促进骨钙

溶解进入血液,从而升高血钙。

(2)对肾脏的作用

①促进肾小管的远球小管和髓袢对钙的重吸收,以减少尿钙,增加血钙;抑制近球小管对磷酸盐的重吸收,以增加尿磷,降低血磷。

②提高肾小管内羟化酶的活性,使 25-(OH)D_3 转变成 1,25-(OH)$_2D_3$,后者经血液运至肠道,可促进肠道对钙的吸收。

2)甲状旁腺素分泌的调节

血钙水平是调节甲状旁腺分泌的最重要因素,主要以负反馈方式进行调节。当血钙浓度下降到低于正常范围时则刺激 PTH 在 1 min 内迅速增加,骨钙释放,血钙回升;血钙升高时,血中 PTH 分泌减少。

血磷升高会使血钙降低,血磷降低也会使血钙升高,因而血磷能间接引起甲状旁腺素分泌增多或减少。此外,大剂量的降钙素也促进甲状旁腺素分泌。

10.4.2 胆钙化醇的作用

胆钙化醇,又称维生素 D_3,主要由皮肤中的 7-脱氢胆固醇经日光中的紫外线照射转化而来。维生素 D_3 不具有生物活性,它需在肝脏羟化成 25-羟维生素 D_3(25-OHD$_3$),然后在肾脏进一步羟化转变成 1,25-二羟维生素 D_3(1,25-(OH)$_2D_3$)才有活性。在肾脏形成 1,25-(OH)$_2D_3$ 经血液抵达肠道和骨,促使钙磷吸收和骨钙动员,升高血钙水平。

10.4.3 降钙素(CT)的作用及分泌调节

甲状腺 C 细胞分泌降钙素(CT),由于能降低血中 Ca^{2+} 浓度而得名。

1)降钙素的生理作用

(1)对骨的作用　降钙素能加速破骨细胞转化为成骨细胞,抑制骨原始细胞转变成破骨细胞。因此破骨细胞作用被抑制,骨吸收减弱,而成骨过程增强,血中磷酸钙转入骨中沉积,骨细胞释放入血的钙盐减少,血钙和血磷浓度降低。

(2)对肾脏的作用　降钙素能抑制肾小管对钙、磷、钠、钾、铁和氯等离子的重吸收,使其在尿中的排出量增加。

(3)对胃肠道的作用　降钙素虽然对胃肠道吸收钙没有直接作用,但是由于降钙素在肾脏抑制甲状旁腺素的作用,从而抑制肾内的 25-OHD$_3$ 转变为 1,25-(OH)$_2D_3$,降低血钙浓度。

2)降钙素分泌的调节

降钙素的分泌主要受血钙浓度调节,血钙浓度升高时,降钙素分泌增多;反之则分泌减少。甲状旁腺素能升高血钙,因而也能间接促使降钙素分泌。

10.5　胰　岛

10.5.1　胰岛的结构特点

胰岛是大小不等、形状不定、散在地分布于胰腺组织中的细胞群,颇似一个个小岛,故称为胰岛。胰岛属于内分泌腺,细胞之间有丰富的毛细血管和血窦,它分泌的激素直接进入血液。

胰岛细胞按形态学特征可分为 5 类:A 细胞(又称 α 细胞),占胰岛细胞总数的 15% ~ 20%,分泌胰高血糖素;B 细胞(又称 β 细胞),占胰岛细胞总数的 79% ~80%,分泌胰岛素(见图 10.7)。

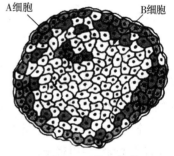

图 10.7　胰岛结构

10.5.2　胰岛素的作用及分泌调节

1)胰岛素的生理作用

胰岛素是调节营养物质代谢的重要激素之一,特别是对糖代谢的调节尤为重要。

(1)对糖代谢的调节

①胰岛素可以促进外周组织对糖的摄取和利用,并在这些细胞内合成糖元。

②抑制糖元分解以及糖的异生作用,从而增加血糖的去路,减少血糖的来源,使血糖浓度下降。当胰岛素分泌不足时,血糖浓度升高,当超过肾糖阈时,则大量的糖自尿排出,发生糖尿病。

(2)对脂肪代谢的调节

①促进肝细胞和脂肪细胞内脂肪酸的合成。

②抑制脂肪酶的活性,从而抑制贮存脂肪的分解。

③促进肝脏胆固醇的合成。胰岛素分泌不足时,可造成脂肪酸生成增多。脂肪酸在肝中氧化生成大量的酮体,可导致酮血症、酸中毒。另外,血脂升高,还可导致心血管和脑血管系统的严重疾病。

(3)对蛋白质代谢的调节　胰岛素一方面可以促进蛋白质的合成和贮存,另一方面又抑制组织蛋白质的分解。

①促进氨基酸进入细胞。

②胰岛素对蛋白质生物合成的许多过程及有关酶系的活性都有促进作用,从而促进蛋白质的合成。

③促进 RNA 和 DNA 的合成。

④因胰岛素能稳定溶酶体,防止溶酶体蛋白水解酶的释放,从而抑制组织蛋白的分解。

2）胰岛素分泌的调节

（1）血中代谢物质的作用　胰岛素的分泌主要受血糖浓度的调节,血糖浓度升高,刺激 B 细胞释放胰岛素,使血糖降低。当血糖浓度降低时通过反馈调节降低胰岛素的合成和分泌,使血糖回升。

（2）其他激素的调节作用

①多种胃肠激素,如胃泌素、促胰液素、胆囊收缩素和抑胃肽等都在一定程度上具有刺激胰岛素分泌的作用,这是口服给药比静脉注射葡萄糖更易引起胰岛素分泌的原因。

②生长激素、皮质醇、甲状腺素、胰高血糖素、孕酮和雌激素也能促进胰岛素的分泌。但是这些激素中的任何一种激素长期大量分泌,或临床上的大剂量长期应用,都有可能使 B 细胞衰竭而导致糖尿病。

③胰高血糖素通过旁分泌直接作用于 B 细胞使其分泌增多。

④肾上腺素、去甲肾上腺素能抑制胰岛素的分泌。

（3）神经调节　胰岛细胞接受交感和副交感神经的双重支配,副交感神经促进胰岛素分泌,而交感神经抑制胰岛素分泌。

10.5.3　胰高血糖素的生理作用及分泌调节

1）胰高血糖素的生理作用

胰高血糖素对三大营养物质的作用主要是促进分解,有人把胰高血糖素称为"动员激素"。

（1）对代谢的作用

①调节糖的代谢　胰高血糖能增强肝糖元分解酶和糖异生酶活性,促进糖元分解和葡萄糖的异生作用,而使血糖浓度升高。

②调节蛋白质的代谢　胰高糖素可促进组织蛋白质的分解和抑制蛋白质的合成,同时还可促进肝脏合成尿素。

③调节脂肪代谢　胰高血糖素可增强脂肪组织中的脂肪酶活性,促进脂肪的分解,使血浆中游离脂肪酸含量升高。脂肪酸在体内氧化生成大量酮体,并以酮体形式为肝外组织提供能量。

（2）对心脏的作用　胰高血糖素还具有强心和增加心率等作用,大剂量的胰高血糖素,能提高心肌磷酸化酶活性,使肌糖元分解,为心肌提供能量。同时还能促进胰岛素、甲状旁腺素、降钙素和肾上腺皮质激素的分泌（见表 10.1）。

表 10.1　胰岛素、胰高血糖素的生物学作用比较

区　别	胰岛素	胰高血糖素
对代谢的作用	促进合成代谢	促进分解代谢
糖元	诱导其合成	诱导其分解

续表

区　别	胰岛素	胰高血糖素
血脂肪酸	减少	增加
周围组织对糖的利用	增加	减少
糖异生	抑制	促进
糖尿病	可治疗	可致病
与生长素关系	在周围组织中与之拮抗	可被其控制

2）胰高血糖素分泌的调节

（1）血中代谢物质的作用　胰高血糖素的分泌主要受血糖浓度的影响。血糖浓度升高，胰高血糖素的分泌减少，血糖浓度降低则分泌增加。另外，血糖升高，胰岛素通过旁分泌也能直接抑制胰高血糖素分泌，使血糖下降。

大量的氨基酸能促进胰岛素的释放而使血糖降低，同时促进胰高血糖素的释放，氨基酸向糖的转化。所以，血中氨基酸浓度增高，对维持饥饿条件下的血糖水平，保证脑的能量供应具有重要意义。

（2）激素的作用　可以通过降低血糖间接刺激胰高血糖素的分泌，也可以通过旁分泌直接作用邻近的 A 细胞，抑制胰高血糖素的分泌。另外，大多数胃肠道激素对胰岛血糖素的分泌也有不同程度的促进作用，而促胰液素则有抑制作用。

（3）神经的调节作用　交感神经兴奋时，促进胰高血糖素的分泌；迷走神经兴奋时，则抑制其分泌。

10.6　肾上腺

10.6.1　肾上腺的结构特点

肾上腺皮质按组织结构及其生理作用自外向内分为球状带、束状带和网状带 3 层。球状带分泌的激素以醛固酮为主，参与调节体内水盐代谢，故称盐皮质激素。束状带分泌的激素以皮质醇为主，参与体内糖代谢的调节，故称糖皮质激素。网状带主要分泌少量性激素（包括雌二醇、脱氢异雄酮等）。肾上腺皮质激素属于类固醇激素，血液中皮质激素以结合型和游离型两种形式存在，但只有游离型的激素才有生物效应。

肾上腺髓质直接受交感神经节前纤维支配，它分泌肾上腺素（E）和去甲肾上腺素（NE）。不同种动物髓质分泌这两种激素的比例是不同的，同一种成年哺乳动物肾上腺素分泌常常多于去甲肾上腺素（见表10.2）。

表 10.2　肾上腺激素类型及其分泌部位

肾上腺	分泌的激素	主要代表
皮质球状带	盐皮质激素	醛固酮
皮质束状带	糖皮质激素	皮质醇(氢化可的松)和皮质素(可的松)
皮质网状带	糖皮质激素、性激素	皮质醇、脱氢异雄酮
髓质	儿茶酚胺激素	肾上腺素、去甲肾上腺素

10.6.2　盐皮质激素的生理作用及其分泌调节

盐皮质激素主要有醛固酮与脱氧皮质酮(DOC),是调节水盐代谢的重要激素。其主要作用是通过促进肾小管上皮细胞合成醛固酮诱导蛋白,增加肾小管管腔膜对 Na^+ 的通透性;增强钠泵功能,增加 Na^+ 的重吸收,也使水的重吸收相应的增加。Na^+ 重吸收后肾小管液呈负电性质,K^+ 和 H^+ 进入管腔中,实现其对保钠、保水和排钾作用的调节。

醛固酮分泌主要受肾素-血管紧张素-醛固酮系统的调节。血钾升高或血钠降低也直接促进其分泌。在应激的情况下,促肾上腺皮质激素(ACTH)也可使醛固酮分泌稍有增加。

10.6.3　糖皮质激素的生理作用及其分泌调节

1)糖皮质激素的生理作用

(1)对物质代谢的影响　糖皮质激素既能加速蛋白质分解,同时也可抑制外周组织对氨基酸的利用,使氨基酸异生成肝糖原。降低肌肉与脂肪等组织细胞对胰岛素的反应性,抑制葡萄糖消耗,引起血糖浓度升高。

促进脂肪分解,使血中游离脂肪酸增多,并促使脂肪酸在肝内氧化供能。与此同时,血糖浓度升高,刺激胰岛素分泌,由于胰岛素合成脂肪酸和抑制贮存脂肪分解的作用,所以表现总的效应是促进脂肪合成。临床表明不同部位的脂肪作用结果不同,四肢脂肪组织分解增强,颜面、背、腹部的脂肪合成增加。

(2)在应激反应中的作用　动物受到缺氧、创伤、手术、饥饿、寒冷、精神紧张等有害刺激时,可引起腺垂体促肾上腺皮质激素(ACTH)分泌增加,导致血中糖皮质激素浓度升高,并产生一系列代谢改变和其他全身反应,称为机体的应激。由此可见,应激反应是以 ACTH 和糖皮质激素分泌为主体,需多种激素协同,从多方面调整机体对应激刺激的适应性和抵御能力,实现自我防护。

(3)对其他组织器官的作用　可增强血管平滑肌对儿茶酚胺的敏感性,有利于提高血管的张力和维持血压。

促进骨髓加速合成红细胞和血小板;使附着于小血管壁边缘的粒细胞进入血流,使粒细胞在血中的数目增多;使淋巴细胞和嗜酸性粒细胞减少。

促进多种消化液和消化酶的分泌,并维持十二指肠黏膜对迷走神经兴奋的反应性。

此外,糖皮质激素还有增强骨骼肌收缩力、抑制骨的形成、促进胎儿肺表面活性物质的合成等作用。

2)糖皮质激素分泌的调节

在正常生理状态下,糖皮质激素保持基础分泌状态。应激状态时,糖皮质激素出现应激分泌。无论是基础分泌或应激分泌,都直接受腺垂体 ACTH 的控制,后者又受丘脑 CRH 的调节。

(1)下丘脑分泌促肾上腺皮质激素释放激素(CRH)调节腺垂体促肾上腺皮质激素(ACTH)的分泌　当机体受严重创伤、失血、剧痛等有害刺激以及精神紧张时,中枢神经系统释放神经递质,促进下丘脑释放 CRH,CRH 通过垂体门脉系统进入腺垂体,促进 ACTH 的释放,糖皮质激素的分泌大幅度提高(见图 10.8)。

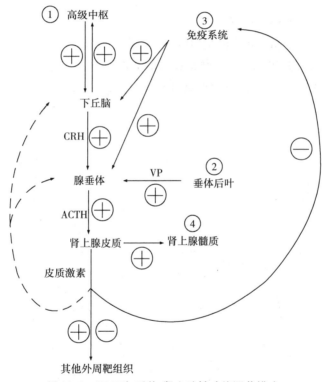

图 10.8　下丘脑-垂体-肾上腺轴功能调节模式

(2)腺垂体分泌促肾上腺皮质激素(ACTH)调节糖皮质激素的分泌　ACTH 与肾上腺皮质细胞膜上的特异受体结合,激发细胞内一系列与糖皮质激素有关的酶促反应,生成糖皮质激素。

(3)反馈调节　当血中糖皮质激素浓度增高时,糖皮质激素可作用于腺垂体细胞特异受体,减少 ACTH 的合成与释放,同时降低腺垂体对 CRH 的反应性。糖皮质激素的负反馈调节主要作用于垂体,也可作用于下丘脑,这种反馈称为长反馈,腺垂体分泌的 ACTH 过多也可抑制下丘脑分泌 CRH,这一反馈称为短反馈。

10.6.4 肾上腺髓质激素的生理作用及分泌调节

1）肾上腺髓质的激素的生理作用

（1）对代谢的作用　肾上腺素（E）能迅速强烈地升高血糖。它能增强肝脏和肌肉磷酸化酶的活性,促进肝糖元分解成葡萄糖入血;能增强肌肉和脂肪组织中脂肪酶活性,使脂肪分解。去甲肾上腺素（NE）也有上述作用。

（2）对神经系统的作用　E 与 NE 能增强脑干网状结构上行激活系统的作用,提高神经系统的兴奋性。

当机体遇到紧急情况时,因交感-肾上腺素髓质系统功能紧急动员引起的适应性反应,称为应急反应。应激反应主要是加强机体对伤害刺激的基础耐受力,而应急反应更偏重于提高机体的警觉性和应变能力。

2）髓质激素分泌的调节

（1）去甲肾上腺素（NE）和多巴胺（DA）的负反馈调节　当 NE 和 DA 在髓质细胞内的量增加到一定程度时,可抑制酪氨酸羟化酶的活性,减少二者的合成;当 E 合成量增多时可抑制儿茶酚胺的合成,儿茶酚胺含量减少时,上述合成酶的负反馈性抑制随即解除（见图10.9）。

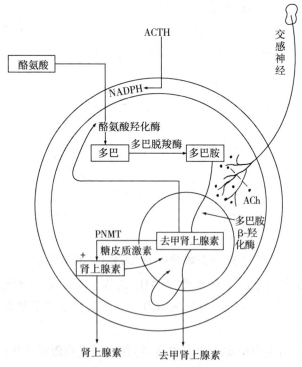

图10.9　肾上腺髓质激素生物合成示意图

（2）交感神经兴奋时,节前纤维末梢释放的乙酰胆碱作用于嗜铬细胞,促进 Ca^{2+} 进入细胞,然后使贮存激素的囊泡与细胞膜融合,裂开而释放出肾上腺素和去甲肾上腺素。

（3）ACTH 能直接提高相关酶的活性,促进髓质激素的合成。

10.7　性　腺

性腺包括睾丸和卵巢。睾丸和卵巢均具有产生生殖细胞和性激素的双重功能。性激素可分为雄激素、雌激素、孕激素和松弛激素四大类。不论雄性还是雌性,身体中都拥有雄、雌两类激素。雄性动物体中以雄激素为主,也有少量雌激素;雌性动物体中以雌激素为主,也有少量雄激素。

10.7.1　睾丸分泌的激素

睾丸内分泌细胞为睾丸间质细胞,它分布于精曲小管之间的结缔组织(睾丸间质)中。睾丸间质细胞体积大,能分泌雄激素。

1)雄激素

属类固醇激素,主要有睾酮(T)、双氢睾酮(DHT)、脱氧异雄酮(DHIA)、雄烯二酮。各种雄激素的活性,以 DHT 最强,其次为 T,其余的雄激素活性都很弱。主要在肝灭活,代谢产物随尿排出,少量随粪排出。

①促进精子发育成熟,并延长附睾内精子的寿命。

②促进雄性器官的生长发育及副性征的出现,维持正常的性反射。

③促进蛋白质合成。

④促进骨钙、骨磷沉积,从而促进骨骼的生长。

⑤促进红细胞生成(睾酮可促进红细胞生成素的生成)。

2)抑制素

属糖蛋白激素,主要作用:对腺垂体卵泡刺激素(FSH)的分泌有很强的抑制作用,从而影响精子的发生;但对黄体生成素(LH)的分泌则无明显的影响。

10.7.2　睾丸分泌功能的调节

睾丸的生精作用和内分泌功能受下丘脑-垂体-性腺轴的调控,而睾丸分泌的雄激素对下丘脑-垂体轴具有反馈调节作用。

10.7.3　卵巢分泌的激素

卵巢的内分泌细胞为卵泡内膜细胞和黄体细胞。当卵泡生长时,能分泌出雌激素,排卵后卵泡壁的卵泡细胞和卵泡内膜细胞在黄体生成素的作用下,演变为黄体细胞,黄体细胞分泌孕激素。此外,卵巢还分泌少量雄激素及抑制素,妊娠期间还分泌松弛素。

1）雌激素的生理作用

（1）对生殖器官的作用

①促进卵巢、输卵管、子宫以及阴道黏膜生长发育，并维持其正常功能。

②促进输卵管上皮增生，使分泌细胞、纤毛细胞与平滑肌细胞活动增强，同时促进输卵管运动，有利于精子与卵子的运行。

③促进子宫内膜增生，刺激子宫和阴道平滑肌收缩，子宫颈分泌黏液增多，有利于精子穿行。

④提高子宫平滑肌对催产素的敏感性，利于分娩。

（2）促进雌性副性征出现，维持第二性征　刺激乳腺导管和结缔组织增生，促进乳腺发育，并使全身脂肪和毛发分布具有性别特征，副性征出现。

（3）对代谢的作用

①加速骨生长，促进钙盐沉积和骨骺软骨的愈合。

②使体液向组织间隙转移，血容量减少引起醛固酮分泌，促进肾小管对钠离子的重吸收，从而导致水和钠潴留。

③降低血浆胆固醇与 β-脂蛋白含量，促进蛋白质合成。

2）孕激素的生理作用

孕激素主要是由黄体和胎盘所分泌，肾上腺皮质亦能少量分泌。孕激素是一个统称，其中活性最强的是孕酮，它主要经肝脏代谢转变为孕二醇，以葡萄糖醛酸盐的形式随胆汁或尿排出，主要作用有：

①促进子宫内膜增厚，促进子宫腺体分泌，降低子宫平滑肌的兴奋性和对催产素的反应，为受精卵着床和发育准备条件，即"安宫保胎"的作用。

②促使宫颈黏液分泌减少、变稠，阻止受精卵从宫颈口排出。

③在雌激素的基础上，进一步刺激乳腺腺泡的发育，使乳腺发育完全，为妊娠后泌乳做好准备。

④对腺垂体 LH 的分泌有反馈调节作用，从而抑制卵泡的发育和排卵，防止在妊娠期第二次受孕。

3）松弛素

松弛素主要在妊娠过程中由卵巢的间质腺和妊娠黄体分泌的，某些动物的子宫和胎盘也能分泌松弛素。牛、猪等动物松弛素主要来自黄体，兔主要来自胎盘。

松弛素其主要生理作用是使雌性动物骨盆韧带松弛，耻骨联合和其他骨盆关节松弛和分离，子宫颈扩张和软化，抑制子宫平滑肌收缩，有利于分娩进行。但松弛素的以上作用是在雌激素的作用的基础上实现的。

4）抑制素

卵巢颗粒细胞分泌抑制素 A 和抑制素 B。抑制素的主要生理作用是反馈调节腺垂体的分泌，使 FSH 水平降低，从而影响卵泡的发育。

10.7.4　卵巢分泌功能的调节

内、外环境的变化可通过下丘脑-垂体-性腺（卵巢）轴及靶腺激素的反馈作用来调节卵巢的活动。

1）下丘脑-垂体对卵巢的调节作用

在内外环境因素的作用下，下丘脑释放 GnRH，作用于腺垂体使其释放 FSH 和 LH，FSH 和 LH 作用于卵巢。FSH 可促进卵巢的生长发育和成熟，并使其分泌雌激素，同时能使颗粒细胞产生芳香化酶，将内膜细胞产生的雄激素转化为雌激素。

2）卵巢内自身调节作用

卵巢中的雌激素可通过局部正反馈作用，增加卵泡对 LH 和 FSH 的敏感性，在 FSH 的分泌减少的情况下，继续促进卵泡的生长发育。在排卵前夕高浓度的雌激素又对 GnRH 和 LH 的分泌产生负反馈作用。卵泡的颗粒细胞能分泌抑制素，对 FSH 的分泌产生抑制作用。

通过下丘脑-垂体-卵巢轴对卵巢活动的调节及卵巢内的自身的调节过程，既保证血液中雌激素和孕激素浓度的水平，又保证性周期不同时期对雌激素和孕激素的需要，从而维持雌性动物的正常生殖过程。

10.8　其他内分泌腺和内分泌物质

10.8.1　前列腺素

前列腺素（PG）是一种广泛存在于动物体内重要的组织激素。PG 的生理作用极为广泛和复杂，几乎每个器官和系统的活动都受到它的影响。同一种前腺素对不同组织有不同的作用；而同一种组织对不同的前列腺素发生的反应也很不相同。PG 在体内代谢极快，半衰期仅 $1 \sim 2$ min，在肺、肝中迅速降解，血中浓度低，因此不属于循环激素，只对局部生理机能进行调节。

在畜牧兽医生产实践中，利用 PGE_2 和 $PGF_{2\alpha}$ 对黄体的溶解作用来调控同期发情，以利于实施人工授精。同时亦利用 PGE_2 或 $PGF_{2\alpha}$ 能刺激子宫肌的收缩而达到催产的目的。

10.8.2　胸腺激素

胸腺既是一种淋巴器官，又是具有内分泌功能的器官，它既能产生淋巴细胞又能合成和分泌胸腺激素。动物出生后胸腺继续生长，到性成熟时体积最大，以后逐渐退化，到了老年，胸腺几乎被脂肪组织所代替。

胸腺激素是由胸腺髓部网状上皮细胞合成和分泌的具有免疫活性的多肽类物质，可

将其分为 3 类。

1)促进细胞免疫应答因子(包括胸腺素、胸腺生成素、胸腺体液因子等)

这类因子能诱导淋巴干细胞成熟,转化为具有免疫活性的 T 淋巴细胞,从而维持机体正常的免疫功能。

2)抑制素

能降低 T 淋巴细胞的功能,抑制自身免疫功能。

3)免疫无关因子

免疫无关因子包括低血糖因子、低血钙因子等。其中低血钙因子有降低血钙和抑制骨溶化的作用。

复习思考题

1. 简述激素的一般特性。

2. 含氮激素与类固醇激素的作用机制有何不同?

3. 肾上腺皮质激素有哪些?各有何生理意义?

4. 性激素是由哪些分泌细胞分泌?各有何生理意义?

5. 胰岛素和胰高血糖素的生理作用及相互关系是什么?

第11章
生殖生理

本章导读：了解生殖细胞的生成；性成熟、体成熟和性周期的基本概念。熟悉交配与受精；妊娠与分娩的基本规律。掌握不同动物发情周期、适时配种等技能。

生殖是指动物机体产生后代和繁衍种族的过程，是生物界普遍存在的一种生命现象。动物生殖过程包括生殖细胞生成、交配与受精、妊娠、分娩等环节。

11.1　生殖细胞的生成

11.1.1　性成熟和体成熟

动物生长发育到一定时期，生殖器官已基本发育完全，开始具有生殖能力，这一时期称为性成熟。性成熟的个体能生成生殖细胞（精子和卵子），表现出各种性反射，有配种的欲望，能完成交配、受精、妊娠和胚胎发育等生殖活动。性成熟是一个发展过程，它的开始阶段叫初情期。雌性动物达到初情期的主要表现是第一次发情，但发情征状不完全，缺乏有规律的发情周期。雄性动物的初情期不易判定，一般可表现爬跨雌性动物、阴茎勃起等，但不射精或精液中缺乏成熟精子。从初情期到性成熟，通常需要几个月（猪、羊等）或1～2年（马、牛、骆驼）。

动物性成熟后，其生长发育仍在继续进行，直到具有成年动物正常体貌结构特征，称为体成熟。动物性成熟后，虽然已具备繁殖能力，但如果立即用于配种繁殖，必将对自身的继续发育和后代的体质产生不良影响，需推后一定时间，待身体发育成熟，即到体成熟以后再用于配种繁殖。各种动物性成熟和体成熟的年龄（见表11.1）。

表11.1　动物性成熟与体成熟的年龄

动物种类	性成熟（月龄）	体成熟（月龄）
牛	8～12	18～24
马	12～18	36～48
猪	3～8	8～12

续表

动物种类	性成熟（月龄）	体成熟（月龄）
绵羊	6 ~ 8	12 ~ 15
山羊	5 ~ 8	12 ~ 15
狗	6 ~ 8	品种多,差异大
兔	4 ~ 5	4 ~ 8

性成熟和体成熟的年龄可因品种、饲养管理和外界环境等而有差异。早熟品种、营养水平高和环境条件好可使性成熟和体成熟的年龄提早；晚成熟品种、饲养管理和环境条件差则可推迟。群体因素也常影响性成熟和初情期，有异性个体存在时，可使初情期提前，同性的群体则初情期延迟。

11.1.2　精子的生成

雄性动物达到性成熟后睾丸中不断生成精子，排入附睾，并在其中储藏和进一步发育成熟，在交配时则由附睾中排出。雄性动物一般没有明显的配种季节，睾丸中终年都有精子生成，但季节性繁殖的动物如绵羊、马、骆驼等，在配种季节睾丸才大量生成精子。

1）精子生成的过程

精子是由睾丸精曲小管生殖上皮的生精细胞发育而成的。从生精细胞发育成精子要经历以下几个时期（见图11.1）。

（1）增殖期　是指由原始的生精细胞分化成精原细胞，再经多次分裂，增加数目而成为初级精母细胞。

（2）生长期　初级精母细胞不断生长，体积增大，并逐渐聚积营养物质。

（3）成熟期　初级精母细胞经二次成熟分裂（减数分裂）成为精细胞。第一次成熟分裂生成2个次级精母细胞，其中的染色体数减半，一个次级精母细胞经第二次成熟分裂生成2个精细胞，这时细胞核中的DNA含量减半，大多数为单倍体，极少数仍为二倍体。

（4）成形期　精细胞演变成为精子。核浓缩，高尔基体复合形成精子顶体，中心粒形成精子尾部。由精原细胞发育成为精子所需的时间称为生精上皮周期，它反映精子生成的速度。

2）影响精子生成的因素

环境温度特别是睾丸的局部温度是影响精子生成的决定性因素。睾丸的温度一般较体温低3 ~ 4 ℃。维持较低的温度是生成正常精子所必需的，患隐睾症的雄性动物因不具备这种温度特点，不能正常生精，也不能用于繁殖。睾丸的温度较低主要与下列因素有关：

①睾丸位于腹腔外；

②阴囊皮肤缺乏皮下脂肪保温层，汗腺发达，有利于散热；

③睾丸动脉和静脉分布较接近睾丸表面，有利于睾丸表面直接散热。

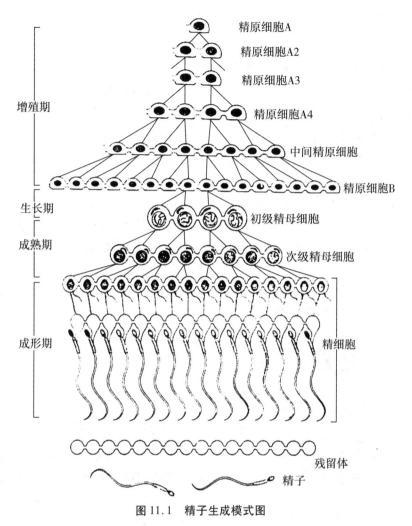

增殖期

精原细胞A
精原细胞A2
精原细胞A3
精原细胞A4
中间精原细胞
精原细胞B

生长期

初级精母细胞

成熟期

次级精母细胞

成形期

精细胞

残留体
精子

图 11.1 精子生成模式图

雄性动物饲养管理条件尤其是营养水平和运动对精子生成也有重要影响。雄性动物过肥,缺乏运动以及使用不当等均使精子数量和质量降低。

3)精子生成的调节

精子生成直接受下丘脑-垂体-睾丸轴的调节。下丘脑分泌 GnRH,经垂体门脉系统到达腺垂体,促进其分泌 FSH 和 LH。FSH 作用于睾丸精曲小管生殖上皮,促进精子生成;LH 作用于间质细胞,促进睾酮分泌,对精子生成也有促进作用。睾丸支持细胞分泌抑制素作用于下丘脑和腺垂体,抑制 FSH 分泌,对精子生成起抑制作用。血液中睾酮浓度过高,通过负反馈作用抑制 GnRH,使 FSH 和 LH 分泌减少,从而对生精过程表现抑制性影响。

11.1.3 卵子的生成

雌性动物性成熟后卵巢内有卵泡的周期性发育和成熟。卵泡中含有卵子,卵子随着卵泡发育至一定阶段后即从成熟的卵泡中排出,这一过程称为排卵。排出的卵子还需在

雌性动物输卵管经过受精,才继续发育达到成熟。

1)卵泡的发育

卵泡在胚胎期由卵巢表面的生殖上皮演化而来。原始卵泡仅由一个卵原细胞和包围在其外面的少量卵泡细胞组成,在出生前后,原始卵泡发育成为初级卵泡,接近性成熟时初级卵泡开始进一步发育,演变成次级卵泡、生长卵泡,最后发育成成熟卵泡。

从初级卵泡到次级卵泡主要是周围的卵泡细胞逐渐增多,其分泌物积聚在卵子周围形成透明带。它周围的颗粒细胞呈放射状排列,故称为放射冠,放射冠细胞与卵母细胞接触并为其提供营养。

在次级卵泡继续发育至生长卵泡时,主要的特点是多层的卵泡细胞内部逐渐出现腔隙,并扩大成为卵泡腔,腔内充满卵泡液,随着卵泡腔扩大和卵泡液增多,逐渐将其中卵子挤至一侧,形成卵丘。这时卵泡细胞开始分化:位于卵泡腔周围的形成颗粒层,其细胞称为颗粒细胞;存在于卵泡外层的间质细胞形成卵泡膜,膜的外层为纤维状的基质细胞,内层为内皮细胞。随着生长卵泡不断发育和成熟,体积逐渐增大,卵泡可突出于卵巢表面。在牛、马等大动物应用直肠触摸法时,根据卵巢表面卵泡大小可推断卵泡成熟和排卵的情况。

2)卵子的发育

卵子发育和成熟并不随卵泡的成熟而完成。在成熟卵泡中卵子仍处在次级卵母细胞阶段。从卵原细胞发育至成熟卵子需经历以下3个时期(见图11.2)。

(1)增殖期 随着卵原细胞经多次分裂,增加数目,成为初级卵母细胞,与此相应卵泡则从原始卵泡变成初级卵泡。

(2)生长期 初级卵母细胞经第一次成熟分裂,核内DNA加倍,胞质和内含物增多,形成次级卵母细胞和第一极体;与此相应,卵泡也从初级卵泡发育成为次级卵泡。

(3)成熟期 次级卵母细胞进行第二次成熟分裂,但至分裂中期即停止下来,尽管这时卵泡已发育到完全成熟,而卵子则仍处在次级卵母细胞阶段,须等排卵后进入输卵管并受精后,中止的第二次成熟分裂才继续进行达到最后成熟。

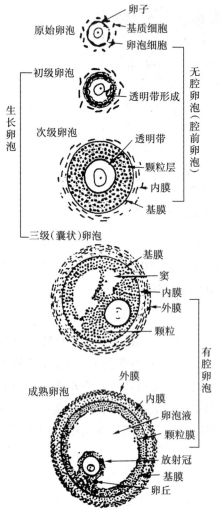

图11.2 卵泡发育及各类型卵泡的相互关系模式图

3）排卵

卵子从卵巢的成熟卵泡中排出的过程称为排卵。卵泡在排卵前要经历一系列变化，这些变化是：卵泡液增多，压力增大，其中的蛋白分解酶使卵泡膜不断溶化和松懈，形成排卵点，向卵巢表面突出，直至最后破裂，卵泡液流出，卵子随卵泡液排出卵巢后经输卵管伞部进入输卵管中。一般动物卵巢表面的任何地方都可发生排卵，唯独母马的排卵只发生在排卵窝处。排卵可分为两种类型：

（1）自发性排卵　卵泡发育成熟后可自然发生破裂而排卵，牛、马、猪、羊等大多数动物都属此型。

（2）诱发性排卵　卵泡发育成熟后必须通过交配活动才能排卵，猫、兔、骆驼等属于此型。

4）黄体的形成和退化

排卵后的最初几个小时内，残留的颗粒细胞和膜细胞迅速变为黄体细胞，它们生长很快，直径可增加2倍以上，腔内充满脂肪，呈黄色，这一过程称为黄体化，这些细胞群则称为黄体。黄体的血液供应十分充足。黄体中的颗粒细胞分泌大量孕酮和少量雌激素，而膜细胞主要分泌雄激素，但它们大部分最后都被颗粒细胞转变为雌激素。颗粒细胞和膜细胞的分泌主要取决于LH的分泌和排卵。

黄体是重要的分泌器官，其主要功能是分泌孕酮。在大多数动物，排卵后24 h内，黄体就开始产生孕酮。它是子宫启动和维持妊娠的基础。

早期黄体生长发育较迅速，但有一定的种别差异，绵羊和牛的黄体于排卵后4 d时就可达最大体积的50%~60%。成熟黄体的形成则需要较长时间，一般略长于发情周期的1/2，牛大约于排卵后7~9 d达到成熟，绵羊为10 d，猪为6~8 d，马为14 d。

在生殖周期中黄体的命运随生理状态而变，未妊娠动物的黄体称为周期性黄体或假黄体，很快就退化；如果动物妊娠则称为妊娠黄体或真黄体。妊娠黄体维持的时间长，有些动物一直要到妊娠结束时才退化。黄体退化的机理随动物种别而有一定差异。灵长类动物黄体退化主要取决于雌激素的周期性变化；马、牛、羊、猪则主要取决于前列腺素的作用，子宫中的前列腺素可能通过局部的逆流循环和体循环途径运输到卵巢。黄体退化时，黄体细胞逐渐被成纤维细胞所代替，最后整个纤维化成为白体。

5）卵泡发育和排卵的调节

卵泡发育和排卵主要受下丘脑-垂体-卵巢轴的调节。下丘脑分泌GnRH，促进腺垂体分泌FSH和LH。在FSH的作用下卵泡开始生长发育，但卵泡成熟则需要FSH与LH的共同作用。在自发型排卵动物当卵泡成熟雌激素分泌达峰值时，通过正反馈作用于下丘脑能使GnRH大量分泌，进而激发LH快速大量分泌，形成LH高峰，即可引起排卵。诱发型动物通过交配刺激诱发LH高峰出现，才发生排卵。

抑制素抑制FSH分泌，阻止卵泡发育；动物妊娠后黄体和胎盘分泌大量孕酮，通过负反馈抑制GnRH和FSH分泌，对卵泡发育和排卵起抑制作用。

11.2 交配与受精

自然条件下,卵子与精子的接近和结合是通过交配和受精实现的。交配一般只发生在雌性动物性周期的发情期。若采用人工授精,也必须在雌性动物发情期进行。

11.2.1 雌性动物的性周期

雌性动物从初情期开始至性机能休止的生育阶段中,伴随卵巢内卵泡发育、成熟和排卵,整个机体和生殖系统所发生的形态、功能及行为的周期性变化称为性周期或发情周期。在终年繁殖的动物如牛、猪等,发情周期在一年中可循环多次出现,称终年多次发情;季节性繁殖动物只在繁殖季节才出现发情周期,其中有的动物如马和绵羊在繁殖季节可多次发情,称季节性多次发情;有的动物如狗、熊在繁殖季节中只出现一次发情周期,称季节性单次发情;在非繁殖季节动物无发情表现称为乏情期。

1)发情周期的分期

一次发情周期持续时间通常指本次发情开始至下次发情开始或本次排卵至下次排卵的间隔时间,可分为 4 个连续发展、相互衔接的时期,即发情前期、发情期、发情后期和间情期。各种动物的发情周期长短不同,其发情期和排卵时间也差异很大(见表 11.2)。

表 11.2　动物的发情周期、发情期的排卵时间

动物种类	发情周期/d	发情期	排卵时间
马	19 ~ 25	4 ~ 8 d	发情结束前 1 ~ 2 d
乳牛	21 ~ 22	18 ~ 19 h	发情结束后 10 ~ 11 h
黄牛	20 ~ 21	1 ~ 2 d	
水牛	20 ~ 21	1 ~ 3 d	
绵羊	16 ~ 17	24 ~ 36 h	发情开始 24 ~ 30 h
山羊	19 ~ 21	32 ~ 40 h	发情开始 30 ~ 36 h
猪	19 ~ 21	48 ~ 72 h	发情开始 35 ~ 45 h

(1)发情前期　发情前期是发情周期的开始阶段,卵巢中卵泡开始生长发育,接近发情期前迅速增大,充满卵泡液,生殖道上皮开始增生,腺体活动开始加强,分泌增多,但不见有大量黏液从阴道流出,动物无交配欲表现。

(2)发情期　发情期是集中表现发情征状的阶段。动物性兴奋强烈,有交配欲,能接受雄性动物交配,卵巢中卵泡迅速成熟并排卵,生殖道黏膜充血、肿胀,腺体分泌活动加强,有大量黏液从阴道流出,子宫颈口开张,子宫和输卵管有蠕动现象。

(3)发情后期　发情后期是发情结束后的一段时期。性兴奋和交配欲不再表现,生殖系统的变化逐渐消退,卵巢有黄体形成并分泌孕酮,促使子宫腺增殖分泌营养液。若雌性动物受孕则黄体保留而成为妊娠黄体,抑制卵泡发育,使发情周期停止,转入妊娠

期。如未交配或未受孕则黄体萎缩退化,而转入间情期。

(4)间情期　卵巢中黄体退化消失,孕酮分泌减少,整个生殖系统处于相对静止阶段,并向发情前期过渡。待黄体完全消失,卵巢中卵泡开始生长发育,进入下一次发情周期。

2)发情周期的调节

发情周期主要受激素调节,参与调节的激素主要有 GnRH、FSH、LH、雌激素、孕酮和前列腺素等。在内外环境适宜因素的刺激下,下丘脑分泌的 GnRH 作用于腺垂体,促进 FSH 和 LH 分泌,两者协同作用促进卵巢中卵泡的生长发育,当卵泡接近成熟时,卵泡细胞分泌大量雌激素,作用于生殖器官,并与少量孕酮协同作用于中枢神经系统引起发情,同时,负反馈作用抑制 FSH 分泌,正反馈引起 LH 高峰出现而发生排卵。排卵后雌激素浓度下降,卵泡腔中的颗粒细胞在 LH 作用下形成黄体,分泌孕酮而使 LH 和自 FSH 分泌减少,新卵泡不再发育,动物不再发情,发情周期转入发情后期和间情期。如卵子未受精,在前列腺素的作用下黄体退化,孕酮浓度下降,解除了对下丘脑和腺垂体的抑制,于是 GnRH 和 FSH、LH 分泌增加,从而开始下一次发情周期。如卵受精则转入妊娠期。

11.2.2　交配

交配是动物生殖过程的重要环节,又因为是体内受精,自然条件下只有通过交配精子才能输入雌性动物生殖道而完成受精过程。

1)交配行为

交配是复杂的性行为,由雌雄两性个体协调配合,经过一系列性反射和性行为而完成,这些反射包括求偶、性欲激发、外生殖器勃起、爬跨、插入和射精等。

2)射精

射精是交配行为的最终结果,是指雄性动物将其精液射入雌性动物生殖道内的过程。

(1)射精类型　根据精液射入雌性动物生殖道的部位不同,射精可分两种类型:马、驴、猪、骆驼等动物是将精液射入雌性动物的子宫中,称为子宫射精型。牛、绵羊、山羊等动物则将精液射至雌性动物阴道深处和子宫颈口附近,称为阴道射精型。

(2)射精量及精子密度　精液由精子和精清两部分组成,精子密度通常与射精量呈相反关系。几种主要动物一次的射精量和精子密度(见表 11.3)。

表 11.3　动物的射精量和精子密度

动物种类	射精量/mL	精子密度/($10^6 \cdot mL^{-1}$)
马	50.0 ~ 200.0	50 ~ 200
牛	1.5	600 ~ 2 500
猪	150 ~ 400	100 ~ 150
绵羊	0.5 ~ 2.5	1 500 ~ 3 000

11.2.3 受精

精子与卵子相遇并结合成为合子的生理过程,称为受精。受精后的卵子也可称为受精卵。受精具有重大的生物学意义,它可将亲本双方的遗传性状在新生命中体现出来,合子一经形成即开始分裂、发育并成为新的个体,因此可把合子看作新生命的起点。

1)受精部位和时间

动物的受精部位在输卵管壶腹部。射入雌性动物生殖道的精子必须及时运行到受精部位才能实现受精。精子的运行除靠精子本身的运动能力外,主要是靠雌性动物生殖道的蠕动。精子从射精部位到达受精部位的时间:马约 24 min,牛为 2~12 min,羊为几分钟至几小时,猪为 15~30 min。而精子在雌性动物生殖道内保持受精能力的时间:牛为 15~56 h,羊为 48 h,猪为 50 h,马在配种后第 6 天生殖道内仍有活精子。卵子排出后在输卵管中保持受精能力的时间:牛约 8~12 h,马为 6~8 h,羊为 16~24 h,猪为 8~10 h。由于精子和卵子在雌性动物生殖道内保持受精能力的时间较短,因此,及时交配或适时进行人工授精在动物繁殖实践中是十分重要的。

2)精子与卵子在受精前的准备

(1)精子在受精前的准备 大多数动物的精子均需在雌性动物生殖道内经历一定时间,发生某些形态和生理生化变化之后,才获得受精能力,这种现象称为精子获能。精子获能先在子宫内进行,而在输卵管中完成。获能后的精子才能穿越卵子的放射冠和透明带,进入卵子与其受精。

(2)卵子在受精前的准备 卵子在受精前也有一个与精子获能类似的生理成熟过程。马和狗排出的卵子为初级卵母细胞,须在输卵管中完成第一次成熟分裂;牛、绵羊、猪排出的卵子虽然已经过第一次减数分裂,也需继续发育才达到受精所要求的成熟程度。

3)受精过程

受精包括一系列连续发生的形态和生理生化变化。主要分以下 3 个步骤(见图 11.3):

(1)精子与卵子相遇 经获能的精子在输卵管壶腹部与卵子相遇,经过选择性识别迅速引起精子的顶体反应。这一反应表现为从精子顶体中释放出各种顶体酶如放射冠溶解酶、透明质酸酶等,这些酶溶解粘连放射冠细胞的基质,使精子穿过放射冠,到达卵子透明带的外侧,并与其接触。

(2)精子进入卵子 到达透明带外侧的精子先与透明带发生非特异性的松散接触,随后发生特异性的较牢固的结合,并借顶体酶的作用穿过透明带进入卵子内部。精子穿过透明带的情况有种间差异,某些动物(如兔)精子的核膜前部有锥状突起称穿孔器,能分泌透明带溶解酶,使透明带溶解得以穿过。多数动物的精子无穿孔器而靠顶体反应释放顶体酶和精子的泳动通过透明带。

160

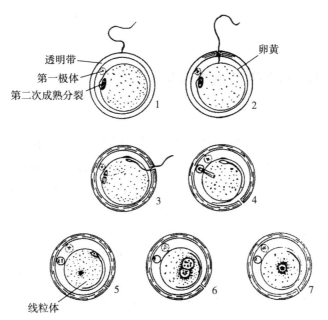

图 11.3 受精过程模式图

1—精子与透明带接触,第一极体被挤出,卵子的细胞核正在进行第二次成熟分裂;

2—精子已过透明带,与卵黄接触,引起透明带反应,阴影表示透明带的扩展;

3—精子头部进入卵黄,平躺在卵黄的表面之内,该处表面凸出,透明带围绕卵黄转动;

4—精子几乎完全进入卵黄之内,头部胀大,卵黄体积缩小,第二极体被挤出;

5—雄原核和雌原核发育,线粒体聚集在原核周围;

6—原核充分发育,含有很多核仁,雄原核比雌原核大;

7—受精完成,原核消失,以染色体团代替,染色体团并成一组染色体,处于第一次卵裂的前期

当精子穿过透明带触及卵黄膜时,可激活卵引起卵黄膜收缩,释放出某些物质使透明带变性硬化封闭,阻止随后到达的精子再进入,这一反应称为透明带反应。兔无透明带反应,可有多个精子穿过透明带;大鼠、小鼠和猪透明带反应慢,也常有补充精子进入透明带,但最后都只有一个精子进入卵黄膜与卵子受精。同时,当精子头部与卵黄膜接触时,卵黄紧缩,使卵黄膜增厚,并排出部分液体进入卵黄周围,使卵黄膜不再允许其他精子通过,这一反应称为卵黄封闭作用,以保证单精子受精。

(3)精子与卵子融合成为合子 精子进入卵黄后头部膨大,尾部顶体脱落,核内形成若干核仁,周围生成核膜,形成类似于体细胞核样的组织称为雄原核。在雄原核形成的同时,卵子也迅速继续发育,进行第二次成熟分裂,排出第二极体,形成核仁和核膜,成为雌原核。雄原核与雌原核形成后经数小时,体积迅速增大并互相接近,随后核膜破裂,原核和核仁消失,核染色体互相混合而成为合子。至此,受精过程完成。接着发生第一次卵裂,表明新个体发育的开始。

11.3 妊 娠

妊娠是雌性哺乳动物为受精卵发育、胎儿生长和准备分娩所发生的生理过程。其间

除生殖器官特别是子宫因胚胎生长发育发生显著形态和机能变化外,整个机体也发生一系列生理变化。

11.3.1 妊娠的建立和维持

1)妊娠的建立

受精卵可产生某些化学因子作为妊娠信号引起母体作出相应的反应,主要表现为母体允许由受精卵发育成的胚泡进行附着而不发生排斥作用,母体的这种反应称为妊娠识别。这时子宫上皮增厚,分泌增加,为胚泡附植作准备;卵巢中黄体不退化而转变为妊娠黄体,继续分泌孕酮。孕酮通过反馈机制抑制下丘脑和垂体释放 GnRH 和 FSH、LH,从而阻止卵泡发育排卵,使母体发情周期暂时停止。通常认为经妊娠识别之后,雌性动物就进入妊娠状态。同时受精卵不断分裂,经桑椹期、囊胚期发育成为胚泡,但仍游离存在于子宫内。随后胚泡滋养层逐渐与子宫内膜发生组织及生理联系,使胚泡固着于子宫内膜,称为附植(或着床)。完成附植时间:牛约在受精后 45 ~ 75 d,马为 90 ~ 105 d,猪为 20 ~ 30 d,绵羊为 10 ~ 22 d。

附植是在雌激素的协同下,由孕酮起主导作用完成的。此外,胚泡刺激子宫内膜,使子宫内环境发生与胚胎发育同步的相应变化,也起重要作用。

2)妊娠维持

胚泡附植后,由胚泡滋养层与子宫内膜生长嵌合形成胎盘,胚泡靠胎盘提供营养,继续在子宫内生长发育直至分娩的过程,称为妊娠维持。胎盘是保证妊娠维持最重要的临时性器官,除对胎儿具有营养代谢、呼吸和排泄等功能外,还是重要的内分泌器官。根据形态结构特点,胎盘有 4 种类型:弥散型的上皮绒毛膜胎盘(马、猪、骆驼等动物)、子叶型的结缔组织绒毛膜胎盘(牛、绵羊、山羊等)、带状型的内皮绒毛膜胎盘(狗、猫、熊等)和盘状型的血性绒毛膜胎盘(兔、大鼠、小鼠等)。

妊娠维持主要受孕酮的调节。各种动物在妊娠前半期孕酮主要来源于妊娠黄体,而妊娠后半期有的动物仍然主要靠妊娠黄体,另一些动物则主要靠胎盘。胎盘除分泌孕酮维持妊娠外,还分泌催乳素、促性腺激素、雌激素、松弛素、PG 等,这些体液性因素对维持妊娠和准备分娩起重要作用。

3)妊娠期

从卵子受精至正常分娩所经历的时间,为妊娠期。各种动物的妊娠期长短不同,并可受品种、年龄、营养、季节、温度、胎次和胎儿数目、性别等因素影响而有变化,各种动物的妊娠期(见表 11.4)。

表 11.4　动物的妊娠期

动物种别	平均妊娠期/d	变动范围/d
马	340	307 ~ 402
牛	282	240 ~ 311

续表

动物种别	平均妊娠期/d	变动范围/d
水牛	310	300～327
绵羊、山羊	152	140～169
猪	115	110～140
犬	62	59～65
猫	58	55～60
兔	30	28～33
大鼠	22	20～25

11.3.2　妊娠期胚胎的生长发育与营养

1）胚胎发育的分期

从受精卵到胎儿发育完成,一般要经历 3 个时期:

(1)胚芽期(合子期)　合子不断地进行细胞分裂和增殖,细胞数目不断增加,但形态则变化很小。这一期持续时间在小实验动物不到 1 周,牛、马约 1 周,其他动物约 2 周。

(2)胚胎发生期　细胞发生分化形成不同的胚层(内胚层、中胚层和外胚层),并由各胚层分别形成各器官和系统,这一时期在牛约发生在妊娠第 2～6 周。

(3)胎儿生长期　胎儿生长期是妊娠期中最长和最后的时期,胎儿重量和体积不断增长,生长速度早期比较缓慢,随后快速生长,至分娩前又逐渐缓慢下来,生长曲线呈"S"状(见图 11.4)。

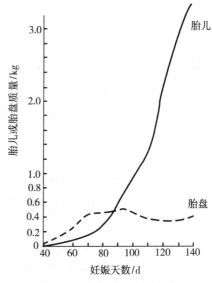

图 11.4　绵羊胎儿和胎盘在妊娠期的生长曲线

2）胚胎营养

在胚芽期细胞分裂和增殖所需的营养物质,由合子自身细胞质的卵黄提供,进入囊胚阶段则靠子宫乳的简单扩散作用来提供。所谓子宫乳,是指子宫上皮分泌物与子宫腔内的细胞碎屑、淋巴细胞和一些红细胞共同构成的组织营养物,含较丰富的蛋白质(马可达 18%,牛为 10%)和脂肪(约 1%)等。随着胎盘的形成,胚泡逐渐由吞食子宫乳转变成为通过胎盘供给营养,而在胎儿生长期胎儿完全靠胎盘从母体取得营养物质,满足其生长发育需要。由于胎盘对物质转运存在选择通透性,可允许气体、葡萄糖、氨基酸、水溶性维生素等小分子物质和离子以不同方式通过胎盘,而大分子物质如蛋白质、磷脂、甘油

三酯等一般都不能通过,因此胎儿主要靠葡萄糖提供能量和合成糖原、脂肪,靠氨基酸提供氮源合成蛋白质(见图11.5)。

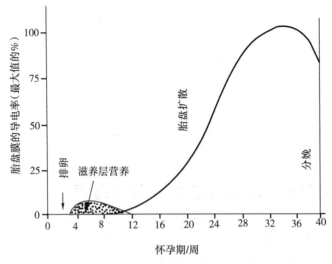

图 11.5　胎儿的营养供应

3)妊娠期雌性动物的生理变化

妊娠过程中随着胚胎发育,雌性动物的生殖器官和整个机体发生一系列形态和生理变化,以适应妊娠需要,同时也保持了机体内环境的稳态。

(1)生殖系统变化　卵巢妊娠黄体分泌孕酮抑制新卵泡生长并阻止其成熟和排卵;子宫质量和体积增大,子宫肌活动减弱,黏膜增厚,子宫颈收缩,黏液形成的宫颈塞封闭子宫颈通道;乳腺增大,导管和腺泡发育完全,准备泌乳。

(2)内分泌变化　甲状腺、甲状旁腺、肾上腺和垂体表现妊娠性增大和机能亢进。孕酮在整个妊娠期维持高水平,至分娩前几天才下降。雌激素含量在妊娠中期增加,分娩前几天急剧上升。催产素和肾上腺皮质激素含量也在分娩前上升。母马在妊娠40 d左右出现子宫内膜杯,并分泌马绒毛膜促性腺激素,前者转移到血清中则称孕马血清促性腺激素,其含量随内膜杯的发育和消退分别在妊娠70 d左右达高峰,170 d左右消失。

(3)消化代谢变化　妊娠期间为适应胚胎生长发育需要,雌性动物同化代谢增强,表现为食欲增加,对饲料和消化的吸收能力增强,前半期一般表现营养改善,被毛光亮,体重增加,到后期则由于胎儿快速生长而母体本身反见消瘦。

(4)其他变化　随妊娠发展可见心脏代偿性肥大,呼吸变快变浅,呈胸式呼吸,血容量增加,血凝和血沉加快,碱储减少;排尿次数增加,尿中出现蛋白质等。

11.4　分　娩

发育成熟的胎儿和胎衣通过雌性动物生殖道产出的生理过程称为分娩。分娩前雌性动物有一系列形态、生理和行为变化,以适应产出胎儿和哺乳的需要(见图11.6)。这些变化包括外阴部红肿、滑润、分泌物稀薄;子宫颈肿胀、松软、黏液塞软化、流失;骨盆韧带松弛;乳腺胀大、充实,开始分泌初乳;雌性动物食欲减少,行为谨慎,喜好僻静,有的动物还有作窝现象等。

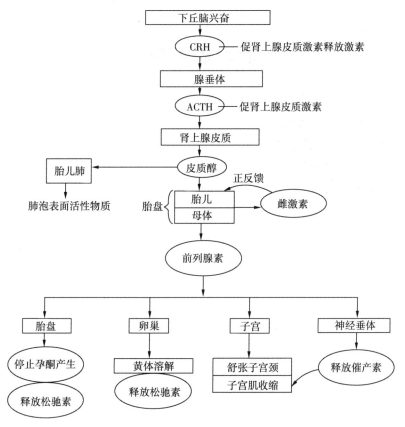

图 11.6　分娩机制示意图

分娩主要靠子宫肌肉强烈的节律性收缩即阵缩而完成,一般可分为 3 个时期,即开口期、胎儿排出期和胎衣排出期。

1)开口期

子宫平滑肌开始出现阵缩至子宫颈开放。起初阵缩的频率较低,收缩的时间较短而间歇时间较长,以后阵缩的频率逐渐增加,收缩时间延长,间歇时间缩短,将胎儿和胎膜挤入子宫颈,迫使子宫颈开放,部分胎膜通过子宫颈口突入阴道并因受强烈压迫而破裂,胎水经裂孔排出,胎儿前部顺着液流进入骨盆腔。

2)胎儿排出期

从子宫颈口开放至胎儿产出。子宫阵缩更加强烈、频繁而持久;同时出现努责现象,即腹肌和膈肌也发生强烈收缩,使腹内压显著升高,这是迫使胎儿从子宫经阴道排出体外的主要动力。

3)胎衣排出期

从胎儿产出至胎衣排出。胎儿排出后经一段时间,子宫阵缩又开始,这时的特点是

收缩期短,间歇期长,收缩力较弱,使胎衣(胎膜和胎盘)从子宫中排出。各种动物胎衣排出的时间不同,狗、猫等肉食动物胎衣可随胎儿同时排出;猪在全部胎儿产出后即很快排出胎衣;马胎衣较易脱落,排出也较快,一般不超过 1 h;牛胎衣不易脱落,排出较慢,一般也不超过 12 h。

复习思考题

1. 何为性成熟与体成熟?有何临床意义?

2. 简述精子和卵子的受精过程。

3. 发情周期的分期及特点是什么?

4. 妊娠后母体有何变化?

5. 简述动物分娩过程。

第12章
泌乳生理

> **本章导读**：了解乳腺结构及其发育规律；熟悉初乳、常乳的营养价值成分；掌握乳生成、排出基本规律，从而在实际生产中提高动物泌乳量的生产技能。

乳的营养丰富而易于消化，是幼龄动物不可缺少的食物。因此，哺乳是多种动物生长发育的必经阶段。

泌乳包括乳的分泌和乳的排出两个独立而又相互联系的过程。正常情况下，雌性动物泌乳活动开始于临近分娩前后。自然条件下，动物泌乳专供哺育幼龄动物，所以泌乳期等于哺乳期。猪的哺乳期约 60 d；牛（黄牛、水牛）为 90～120 d；而经人工选育的乳用牛，泌乳期长达 300 d 左右。泌乳初期泌乳量逐日增加，猪于分娩后约 2 周，牛约 3～6 周达到最高日产量，以后逐渐下降。

12.1 乳腺的结构

乳腺为皮肤的衍生物，牛有 2 对，马、羊仅有 1 对，都位于腹股沟部；猪的乳腺从后胸到腹股沟部排列成两行，有 5～8 对，每个乳腺是一个完整的泌乳单位。雌性动物乳腺在妊娠期中完全发育，形成突出而隆起的乳房。

乳房内主要有两种组织：一种为由乳腺腺泡和导管系统构成的腺体组织或实质；其次是由纤维结缔组织和脂肪组织构成的间质，它保护和支持腺体组织。乳腺腺泡由一层分泌上皮构成，是生成乳汁的部位。每个腺泡像一个小囊，有一条细小的乳导管通出。导管系统包括一系列复杂的管道与腔道，导管起始于与腺泡腔相连的细小乳导管，相互汇合成中等乳导管，再汇合成粗大的乳导管，最后汇合成乳池。乳池是乳房下部及乳头内储藏乳汁的较大腔道，经乳头末端的乳头管向外界开口（见图 12.1）。牛、羊的每一乳腺各有一个乳池和乳头管，而马每个乳头有前后两个乳池及乳头管。猪的每个乳头区域各有 2～3 个乳池及乳头管，但乳池不是很发达。

腺泡和细小乳导管的外层围绕有一层星状的肌上皮细胞，互相联结成网状，当这些细胞收缩时，可使蓄积于腺泡中的乳汁排出（见图 12.2）。较大的乳导管和乳池周围有平

滑肌分布,这些肌肉的收缩参与乳的排出过程。围绕乳头管的平滑肌纤维在乳头末端排列成环形,形成乳头管括约肌,使乳头孔在不排乳时保持闭锁状态。

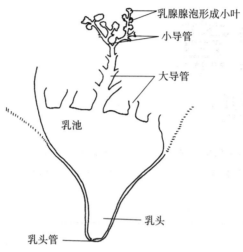

图 12.1　山羊乳腺分泌部分(腺泡)与乳导管分布示意图

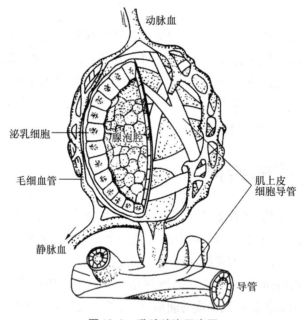

图 12.2　乳腺腺泡示意图

乳房的外面被覆以柔软的皮肤,皮下为浅筋膜,浅筋膜下为深筋膜,深筋膜与结缔组织和脂肪组织包围整个乳腺,结缔组织和脂肪组织还穿进腺体部将乳腺分为若干小叶。各小叶间的结缔组织含有丰富的弹性纤维,所以可随着乳腺内乳汁的积蓄而使整个乳房扩张。

乳腺有丰富的血液供应,每一腺泡都被稠密的毛细血管网包围着,因此,血液可以充分将营养物质和氧带给腺泡,以供生成乳的需要。马、牛、羊的乳腺的动脉主要来自阴部外动脉的分支;乳腺中的血液主要沿着腹壁皮下静脉及阴部外静脉两对静脉流出。乳腺还有淋巴循环。

乳腺中有丰富的传入和传出神经。传入神经主要为感觉神经纤维,包含于第一和第二腰神经的腹支、腹股沟神经和会阴神经中。传出神经属交感系,包括支配血管和平滑肌的运动神经,也有认为还含有支配腺组织的分泌神经纤维。

乳房和乳头皮肤中存在机械和温度等外感受器,而乳腺内的腺泡、血管、乳导管等则具有丰富的化学、压力等内感受器,所有这些神经纤维和各种感受器,保证了对泌乳的反射性调节。

12.2　乳腺的发育及其调节

12.2.1　乳腺的发育

幼龄动物的乳腺尚未发育,雌、雄动物的乳腺没有明显的差别。随着雌性动物的生长,乳腺中的结缔组织和脂肪组织逐步增加。牛到初情期时,乳腺的导管系统开始生长,形成分支复杂的细小导管系统,而腺泡一般还没有形成,这时乳房的体积开始膨大。随着每次发情周期的出现,乳房继续进行发育。

母牛妊娠时,乳腺组织生长比较迅速,乳腺导管的数量继续增加,并且每个导管的末端开始形成没有分泌腔的腺泡。到妊娠中期,腺泡渐渐出现分泌腔,腺泡和导管的体积不断增大,逐渐代替脂肪组织和结缔组织,乳房内的神经纤维和血管数量也显著增多。到了妊娠后期,腺泡的分泌上皮开始具有分泌机能。临产前,腺泡分泌初乳。分娩后,乳腺开始正常的泌乳活动。

经过一定时期的泌乳活动后,腺泡的体积又重新逐渐缩小,分泌腔逐渐消失,与腺泡直接相连的细小乳导管重新萎缩,腺组织被结缔组织和脂肪组织所代替,称为乳腺回缩。泌乳量逐渐减少,乳房体积缩小,最后泌乳活动停止。

当第二次妊娠时,乳房的腺组织重新生长发育,并在分娩后开始第二次分泌活动。为了完成乳腺的改建工作,所以母牛需要 40~60 d 的干乳期。当母牛在第 6~8 次泌乳期中达到乳腺的最大发育程度和产乳量的最高峰后,随着雌性动物年龄的增长,每次分娩后的产乳量逐渐减少,乳腺的发育程度逐渐减退。

12.2.2　乳腺发育的调节

乳腺的发育既受内分泌腺活动的控制,也受中枢神经系统的调节(见图 12.3)。

卵巢分泌的雌激素和黄体分泌的孕酮参与调节乳腺的发育。因此,把未达到性成熟的雌性动物去势,将引起乳腺的发育不全;周期性地把一定量的雌激素注射到未完全成熟或已切除卵巢的雌性动物体内,可以引起乳腺导管系统的生长发育,如果同时再注射孕酮,才能引起乳腺腺泡的正常发育。应用雌激素与孕酮在 1：2.5 的比率情况下,牛的乳腺可获得良好的发育。

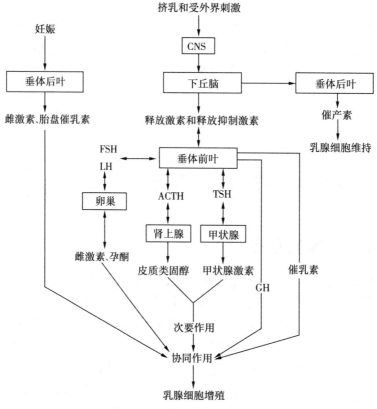

图 12.3　乳腺生长发育的调节

CNS:中枢神经系统;FSH:促卵泡激素;LH:黄体生成素;
ACTH:促肾上腺皮质激素;TSH:促甲状腺激素;GH:生长激素

　　促进乳腺的小叶-腺泡的充分发育,除雌激素和孕酮外,还需要垂体的催乳素、生长激素、促肾上腺皮质激素和肾上腺皮质激素等。

　　乳腺的发育还受神经系统的调节与支配。刺激乳腺的感受器,发出冲动传到中枢神经系统,通过下丘脑-垂体系统或直接支配乳腺的传出神经,能显著地影响乳腺的发育。畜牧实践中,按摩初胎母牛或怀胎母猪的乳房,都能增强乳腺发育和产后的泌乳量。

12.3　乳的分泌

　　乳腺组织的分泌细胞从血液摄取营养物质生成乳汁,分泌入腺泡腔内的生理过程,称为乳的分泌。

12.3.1　乳

　　乳是乳腺生理活动的产物,乳中含有幼龄动物生长发育所必需的各种营养成分。乳的化学成分很复杂,品种、饲料、饲养管理条件、季节、气候、泌乳期、年龄、个体特性等,都对乳的成分产生不同程度的影响。

1)初乳

雌性动物分娩后最初 3~5 d 所产的乳称为初乳。初乳色黄而浓稠,稍有咸味,煮沸时凝固。初乳内各种成分的含量与常乳相差悬殊。初乳干物质含量高,如蛋白质在牛乳达 17%;初乳内含有非常丰富的球蛋白和清蛋白、白细胞及大量免疫体、酶、维生素及溶菌素等。摄食初乳后,其中蛋白质能透过初生仔畜肠壁吸收入血,有利于迅速增加幼龄动物的血浆蛋白,并从而获得被动免疫,以增强幼龄动物抵抗疫病的能力。初乳中的维生素 A 和维生素 C 的含量比常乳约多 10 倍,维生素 D 的含量约多 3 倍。初乳中含有较多的无机盐,其中特别富含镁盐,镁盐有轻泻作用,能促使肠道排除胎粪。由此可见,初乳几乎是初生幼龄动物不可代替的食物。分娩后 1~2 d 内,初乳的某些化学成分接近于初生幼畜的血浆,以后初乳的成分逐日变化,蛋白质和无机盐的含量逐渐减少,酪蛋白在蛋白质中的比例逐步上升,乳糖含量不断增加,经 6~15 d 变为与常乳相同。母牛产犊后初乳化学成分的逐日变化(见表 12.1)。

表 12.1　乳牛初乳化学成分的逐日变化情况(%)

产犊后天数	1	2	3	4	5	8	10
干物质	24.58	22.0	14.55	12.76	13.02	12.48	12.53
脂肪	5.4	5.0	4.1	3.4	4.6	3.3	3.4
酪蛋白	2.68	3.65	2.22	2.88	2.47	2.67	2.61
清蛋白及球蛋白	12.40	8.14	3.02	1.80	0.97	0.58	0.69
乳糖	3.34	3.77	3.77	4.46	3.88	4.89	4.74
灰分	1.20	0.82	0.82	0.85	0.81	0.80	0.76

2)常乳

初乳期过后,乳腺所分泌的乳汁,称为常乳。各种动物的常乳都含有水、蛋白蛋、脂肪、糖、无机盐、酶和维生素等。乳中的蛋白质主要为酪蛋白,其次是乳清蛋白和乳球蛋白。当乳变酸性时(pH 值为 4.7),酪蛋白与钙离子结合沉淀而使乳凝固。乳清蛋白的性质与血液中的清蛋白相近似,但是并不完全相同。乳球蛋白的性质则与血液的球蛋白相同。

乳中的脂肪是油酸、软脂酸和其他低分子脂肪酸的甘油三酯,它们形成很小的脂肪球悬浮于乳汁中。强烈振动时,脂肪球外面包囊的磷脂蛋白薄膜破坏,脂肪球可互相黏合而析出。乳中也含有少量磷脂、胆固醇等类脂。

乳中糖类主要是乳糖,能被乳酸菌分解形成乳酸。

乳中含有多种生理活性物质,包括多种酶(如过氧化氢酶、过氧化物酶、脱氢酶、水解酶等)和激素(如胰岛素、生长激素、甲状腺素等)以及少量植物色素(胡萝卜素、叶黄素等),血液中某些物质(抗毒素、药物等)也可经乳排出。

乳中的无机盐包括钠、钾、钙、镁的氯化物、磷酸盐和硫酸盐等。钙与磷的比例一般为 1.2∶1,有利于钙的吸收利用。乳中铁的含量非常不足,所以哺乳仔猪应有少量含铁物质补给,否则会发生贫血。各种动物的常乳化学成分(见表 12.2)。

表 12.2　各种动物常乳的化学成分(%)

动物类别	干物质	脂　肪	蛋白质	乳　糖	灰　分
乳牛	12.8	3.8	3.5	4.8	0.7
水牛	17.8	7.3	4.5	5.2	0.8
牦牛	18.0	6.5	5.0	5.6	0.9
山羊	13.1	4.1	3.5	4.6	0.9
绵羊	17.9	6.7	5.8	4.6	0.8
骆驼	13.6	4.5	3.5	6.9	0.7
马	11.0	2.0	2.0	6.7	0.3
猪	16.9	5.6	7.1	3.1	1.1
兔	30.5	10.5	15.5	2.0	2.5

12.3.2　乳的生成过程

乳在乳腺腺泡和细小乳导管的分泌上皮细胞内生成,包括一系列新的物质的合成和复杂的选择性吸收过程。

1)乳腺的选择性吸收过程

乳中的球蛋白、酶、激素、维生素和无机盐类,是乳腺的分泌上皮细胞对血浆进行选择性吸收和浓缩的结果。其中与血液比较,钙增加13倍,钾和磷增加7倍,镁增加4倍以上,而钠仅及血液中的1/7。生成1 L乳汁,要有400~500 L血液流过乳房。

2)乳腺的合成过程

乳的蛋白质、脂肪和糖是乳腺从血液中吸取原料经过复杂的生化过程合成的。

(1)蛋白质　乳中的主要蛋白质(酪蛋白、β-乳球蛋白和α-乳清蛋白)是乳腺分泌上皮的合成产物,它们的原料来自血液中的游离氨基酸。

(2)乳糖　合成乳糖的主要原料是血液中的葡萄糖。在乳糖合成酶的催化作用下,一部分葡萄糖先在乳腺内转变成半乳糖,然后再与葡萄糖结合生成乳糖。

(3)乳脂　乳脂几乎完全呈甘油三酯状态,乳中脂肪呈脂肪球状,外面为脂蛋白膜所包裹。水牛、牦牛的乳脂率较高,荷斯坦牛仅为3.5%。

乳腺除了合成机能外,还具有重吸收乳内某些营养物的能力。

12.3.3　乳分泌的调节

泌乳期间的分泌包括泌乳启动和泌乳维持两个过程,主要通过神经-激素的途径来进行调节。

1)泌乳启动

动物分娩时或分娩前后,乳腺的生长几乎停止而开始分泌乳汁的过程称为泌乳启动。腺垂体的催乳素在妊娠期间被胎盘和卵巢分泌的大量雌激素和孕酮所抑制,在分娩以后,孕酮水平突然下降,结果催乳素迅速释放,对乳的生成产生强烈的促进作用,于是启动泌乳。同时,低水平的雌激素刺激泌乳;分娩后血中肾上腺皮质激素浓度增高,加强了催乳素与生长激素的泌乳作用。

2)泌乳维持

腺垂体释放催乳素、促肾上腺皮质激素、生长激素和促甲状腺激素等都是维持泌乳的必要条件,其中以催乳素最为重要。催乳素与乳腺分泌细胞膜上的相应受体结合,刺激 mRNA 产生乳蛋白和酶(如乳糖合成酶)。只有持续地分泌催乳素才能保证维持泌乳。

泌乳期垂体分泌催乳激素是一种反射活动,引起这种反射的主要因素是哺乳或挤乳对乳房的刺激。一般认为,从乳腺感受器传来的神经冲动,首先到达脑部,兴奋下丘脑的有关中枢,通过阻抑催乳素释放抑制激素(PIH)的释放,解除中枢对垂体前叶的抑制作用,使催乳素释放增加,从而对乳腺的乳生成活动发生调节性影响(见图12.4)。同时,乳从乳腺有规律的几乎完全的排空是维持泌乳的必要条件。

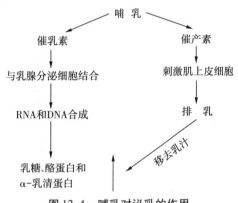

图12.4　哺乳对泌乳的作用

在腺垂体所分泌的促甲状腺激素和促肾上腺皮质激素分别控制下,甲状腺和肾上腺皮质通过调节机体的代谢,影响乳的生成过程。甲状腺素能提高机体的新陈代谢,因而对乳生成有显著的促进作用;肾上腺皮质激素对机体的蛋白质、糖类、无机盐和水代谢都具有显著的调节作用,所以,对乳生成也有一定的影响。

12.4　排　乳

12.4.1　排乳的过程

哺乳或挤乳时反射性地引起乳房容纳系统紧张度的改变,使乳腺腺泡和乳导管中的乳汁迅速流入乳池并排出的过程,称为排乳。乳在乳腺腺泡的上皮细胞内形成后,连续地分泌入腺泡腔,当乳充满腺泡腔和细小乳导管时,依靠腺泡周围的肌上皮和导管系统的平滑肌的反射性收缩,将乳周期性地转移入乳导管和乳池内。乳腺的全部腺泡腔、导管、乳池构成蓄积乳的容纳系统。

最先排出的乳是乳池乳。乳牛的乳池乳一般约占泌乳量的1/3～1/2。我国黄牛、水牛、牦牛的乳池乳甚少,有的甚至完全没有。由排乳反射从腺泡及乳导管所获得的乳,称为反射乳,约占总乳量的1/2～1/3。哺乳(或挤乳)刺激乳房不到1 min,就可引起牛的排乳反射。但引起猪的排乳反射需要较长时间,仔猪用鼻吻突冲撞母猪乳房2～5 min之后,才引起排乳,排乳持续约30～60 s,两次哺乳间隔约1 h。马的乳池很小,而乳导管粗

短,一昼夜间可引起多次排乳。挤乳(或哺乳)后乳房内还留有一部分乳汁不能排尽,称作残留乳,它将与新生成的乳汁混合,在下次挤乳(哺乳)时排出。

12.4.2　排乳的神经-激素调节

排乳是由大脑皮层、下丘脑和垂体参与的复杂反射活动(见图12.5)。

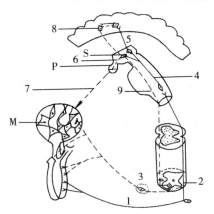

图 12.5　排乳的反射性调节模式图

1—背根的传入神经;2—与植物性神经元联系;3—走向乳腺平滑肌的交感神经元;

4—自脊髓至下丘脑的上行途径;5—自下丘脑至大脑皮层的途径;

6—视上核-垂体途径;7—体液作用(催产素);8—皮层中枢;

9—自皮层至脊髓的下行途径;

P—垂体后叶;M—肌上皮;S—视上核

1)排乳反射的传入途径

挤乳或哺乳对乳头感受器的刺激是引起排乳反射的主要非条件刺激。外界环境的各种刺激通过视觉、嗅觉、触觉等,均可建立各种促进或抑制排乳的条件反射。

非条件反射的反射弧的传入途径从乳房的感受器开始,经精索外神经经脊髓传至延髓后,再进入到间脑的视上核和室旁核。视上核和室旁核为排乳中枢所在的基本部位,在大脑皮层中也有相应的代表区。

2)排乳反射的传出途径

①传出神经纤维存在于精索外神经和交感神经中,直接支配乳腺平滑肌的活动。

②通过下丘脑-垂体的神经-体液途径。挤乳时,最初约经5 s潜伏期后出现纯粹是神经的节段反射,由于乳导管的平滑肌受交感神经刺激,使乳从乳导管排出。神经垂体在中枢神经系统控制下反射性地分泌催产素进入血液,在牛经20~25 s后引起腺泡和细小乳导管周围的肌上皮收缩,使腺泡乳排出。催产素在体内被迅速破坏,在循环血液中,它的半衰期仅2~3 min。

3)条件反射

排乳反射与大脑皮层有密切的关系。排乳反射过程中各个环节都能形成条件反射。挤乳的地点、时间、各种挤乳设备、挤乳操作、挤乳员的出现等,都能作为条件刺激物形成乳牛的条件反射,这些条件反射促进排乳活动。

4)排乳抑制

异常的刺激物如喧扰、陌生的闲人、新挤乳员、不正确的操作等,都能抑制排乳反射,使乳产量下降。

复习思考题

1. 乳汁是怎样生成的?

2. 什么是初乳和常乳? 初乳有什么意义?

3. 如何利用排乳及调节规律,在实践中提高乳产量?

第13章
家禽生理

本章导读:了解家禽循环、呼吸、排泄等生理特点。熟悉家禽消化、体温调节、生殖的基本知识。掌握家禽在繁殖、饲养和管理过程中的基本技能。

13.1 血液循环生理

13.1.1 血液生理

1)血液的组成

家禽的血液也由血细胞和血浆组成,但其血细胞比容较小。

(1)血浆 血浆中除水分外,还在蛋白质、氨基酸、糖、脂类、维生素、激素、酶、尿素、肌酸、肌酐、有机酸以及其他有机成分。无机成分有钠、钾、钙、镁、氯、重碳酸盐和无机磷等。

禽类血液呈弱碱性,pH 为 7.35 ~ 7.5。由于家禽血浆中蛋白质的含量较少,其形成的胶体渗透压也较低。

公鸡血量为其体重的 9%,母鸡为 7%;鸭为 10.2%。

(2)血细胞 家禽血液中的红细胞呈卵圆形,体积较大而有核,数量较哺乳动物少,红细胞存活期较短,鸡一般为 28 ~ 35 d,鸭为 42 d;家禽血液中含有凝血细胞,由骨髓的单核细胞分化而来,细胞呈卵圆形,中央有一圆形核;家禽的白细胞包括异嗜性细胞、嗜酸性细胞、嗜碱性细胞、单核细胞和淋巴细胞五种。

2)血液凝固

家禽血液中含有凝血细胞,其功能和哺乳动物的血小板相似,同时,也可黏聚于破损的血管壁处,形成栓塞,防止出血。家禽的凝血主要靠组织释放的促凝血酶原激酶,促进凝血酶的形成。此外,凝血时还需充足的维生素 K,若维生素 K 缺乏可引起鸡皮下和肌肉出血。因此,雏鸡在断喙前适当补充维生素 K 可防止出血。

13.1.2　循环生理

1）心脏生理

禽类的心肌也具有自律性、传导性、兴奋性和收缩性等生理特性,禽类的心率与个体大小有关,个体愈大,心率愈慢;个体愈小,心率愈快。

家禽心率远高于哺乳动物,如成年公鸡平均心率达 350 次/min 以上,母鸡更高,可达 390 次/min。

2）血管生理

禽类动脉血压虽因种类、年龄、生理状态不同而有变动,但变动范围较小。各器官的血流量和器官的代谢水平相适应。代谢水平低时,血流量较少;代谢水平高时,血流量增加。例如,当卵在子宫部沉积钙质时,该部位血流量比无卵时增加 1 倍以上。

鸡血液流经体循环和肺循环一周的时间约为 2.8 s;鸭为 2~3 s,潜水时血流减慢,循环时间可增大为 9 s。

3）心血管活动的调节

家禽延髓有心抑制中枢(迷走中枢)、心加速中枢(交感中枢)和血管运动中枢(交感性兴奋和抑制)。因此,延髓是禽类调节心血管活动的基本中枢。禽类心脏的活动与哺乳动物相似,受植物性神经支配。但比较特殊的是,在安静状态下迷走神经和交感神经对心脏的调节作用较为均衡,不像哺乳动物那样呈现迷走紧张。

禽类多数内脏血管管壁平滑肌与哺乳动物相似,均受交感神经和副交感神经的双重支配。

激素对心血管活动具有显著的调节作用。儿茶酚胺类激素可以使禽类血压升高。加压素对鸡有舒血管作用,表现为减压效应,与哺乳动物不同。

此外,家禽的心血管功能受环境的影响较大。适应高温环境中生活的鸡,其血压水平低于冷适应性的鸡。环境温度骤升时,可引起体温上升,使血管舒张,产生降压反应。环境温度下降时,也产生降压反应,降压程度与低温成比例。若改变了低气温条件,随着体温的恢复,血压也趋于正常。

13.2　家禽呼吸生理

13.2.1　禽类呼吸特点

禽类呼吸的特殊性主要在于肺的结构和气囊存在。禽类的肺约 1/3 嵌于肋间隙内,扩张性不大。肺各部均与各个气囊直接连通。肺一旦有炎症病变,易于扩散蔓延,症状比哺乳动物严重。禽类缺乏像哺乳动物那样的膈肌,胸腔与腹腔仅由一层薄膜相隔开,胸腔内的压力几乎等于腹腔内压,不存在经常性负压。呼吸主要通过强大的呼气肌和吸

气肌的收缩来完成。

禽类一般有 9 个气囊(见图 13.1)。气囊的作用在于增加肺通气量,储存气体,减轻躯体比重,以及依靠其强烈的通气作用和广大蒸发面积散发体热,协助调节体温。禽类无论在呼气还是吸气时都能进行气体交换。

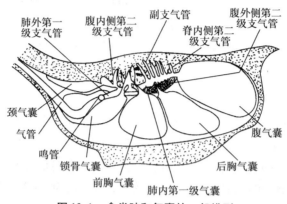

图 13.1　禽类肺和气囊的一般排列

13.2.2　呼吸频率

常温条件下,家禽每分钟的呼吸次数:母鸡为 20 ~ 36 次,公鸡为 12 ~ 20 次;母鸭为110 次,公鸭为 42 次;母鹅为 40 次,公鹅为 20 次;母火鸡为 49 次,公火鸡为 28 次。

13.2.3　气体交换与运输

禽类有广大的气体交换面积,按肺每单位体重的交换面积计算,比哺乳动物至少大10 倍。气体交换动力也是动-静脉血液中氧和二氧化碳的分压差。

13.2.4　呼吸运动的调节

禽类呼吸中枢位于脑桥和延髓的前部。从紧靠脑桥的后部切断脑时,呼吸完全停止,说明仅保留延髓的完整性并不能维持呼吸运动。中脑前背区有喘气中枢,刺激时出现浅快的急促呼吸。肺和气囊壁上存在牵张感受器,牵张刺激经迷走神经传入中枢,可引起吸气-呼气的转换。血液中的 CO_2 和 O_2 对呼吸运动有明显影响。血液 PCO_2 上升时刺激肺内 CO_2 感受系统和颈动脉体化学感受器,兴奋沿迷走神经传入,可兴奋呼吸。缺氧可使呼吸中枢抑制,但可通过外周化学感受器兴奋呼吸。

鸡在炎热环境中发生热喘呼吸,常使副支气管区的通气显著增大,导致严重的 PCO_2偏低,甚至造成呼吸性碱中毒。所以在夏季要注意鸡的防暑通风。

13.3　家禽消化生理

从消化系统解剖特征看,家禽没有牙齿,而有坚硬的喙和贮存食物的嗉囊;有一个腺胃和一个肌胃。腺胃也叫真胃,可分泌消化液,肌胃起研碎食物的作用。家禽的消化器官包括口、咽、食管、嗉囊、腺胃、肌胃、小肠、大肠、泄殖腔以及胰腺和肝脏。家禽没有牙齿但有喙,没有结肠而有一对盲肠。

13.3.1　口腔消化

禽类的口腔消化较为简单。鸡没有唇、软腭、面颊和牙齿,但有角质化的上下喙以关闭口腔。鸡喙为锥体形,便于啄食谷粒。鸭、鹅的喙扁而长,边缘呈锯齿互相嵌合,适于水中采食。鸡饮水时不能将水吸入口中,必须抬起头使水借助重力流入食道,没有吞咽动作。饲料经喙摄入口腔后,被唾液稍稍润湿,不经咀嚼,即借助于舌的帮助而迅速吞咽。鸡唾液腺较发达,而鸭、鹅唾液腺不发达。

1)唾液

家禽的唾液是由口腔壁和咽壁的唾液腺分泌的。鸭、鹅多食鲜湿饲料,唾液腺不发达,仅分泌较少唾液;鸡通常多食干饲料,唾液腺较发达,可分泌较多的唾液。饥饿状态下的成年母鸡,每昼夜可分泌 7~25 mL 的唾液。鸡的唾液呈微酸性,pH 值平均为 6.75。进食时唾液分泌量增加。主食谷物的禽类,唾液中含有淀粉酶,可分解淀粉。唾液分泌主要受神经调节。

2)吞咽

吞咽是一个复杂的反射动作,由两个连续发生的过程完成,分别称为主动阶段和被动阶段。在吞咽的主动阶段,饲料被舌强有力的运动运至口腔的后部和咽,口咽部的感受器受刺激后,反射性地引起鼻后孔和喉门关闭,同时伸颈、头高举及有力的振动,使饲料到达食管的上端,此后就进入被动阶段。由于重力作用,饲料进入食道,随着食管的蠕动,食物下移,通常进入嗉囊或食管扩大部,但有时也可以直接进入腺胃和肌胃,这主要取决于胃内食物的充盈度。在肌胃空虚时,食物和饮水全部或大部沿食管向下,通过腺胃而直接进入肌胃;在肌胃充满时,嗉囊口开放,食物和饮水则进入嗉囊暂时贮存。这一过程受嗉囊-腺胃-肌胃区反射性机能的调节和控制。在此之后,随着肌胃内容物的排空,嗉囊也间断地排出食物,进入肌胃,以维持肌胃内连续不断的消化活动。

13.3.2　嗉囊消化

禽类食入的饲料大都先要在嗉囊内贮存数小时,接受嗉囊腺体分泌的黏液、嗉囊运动和嗉囊微生物的作用,对其进行胃肠消化之前的预加工。嗉囊的主要功能是贮存食物,是食管扩大而形成的。鸡的嗉囊较发达,鸭、鹅没有真正的嗉囊,仅在食管颈段形成一纺锤形扩大部以贮存食物。

1)嗉囊液

嗉囊壁的构造与食管相似,黏膜内有丰富的黏液腺分泌黏液,使饲料润湿和软化。嗉囊液是嗉囊腺分泌的黏液与唾液的混合物咦,嗉囊液可软化饲料,有助于微生物的发

酵,增强微生物消化的作用。但嗉囊腺并不产生消化酶,嗉囊中的化学性消化全靠饲料酶和十二指肠逆蠕动时返回的消化酶。雏鸡嗉囊主要依靠细菌对淀粉和麦芽糖进行微生物性消化。

"嗉囊乳"是鸽的嗉囊腺分泌的一种乳状液,又叫做"鸽乳",含有大量的蛋白质、脂肪、无机盐、淀粉酶,用以哺育幼鸽。

2)嗉囊的运动

嗉囊的肌层由外纵肌层和内环肌层组成。嗉囊的运动主要有两种形式:一种为蠕动,始于食管扩展至嗉囊,再达腺胃和肌胃,常成群出现,一般2~15次为一群,每群间隔1~40 min。另一种为排空运动,与食管的收缩相配合,扩展至整个嗉囊。这种运动约1~1.5 min一次,每次均伴有嗉囊紧张度的增高。嗉囊运动使食物食物混和并间断地向胃内排入。

3)嗉囊内微生物的作用

成年鸡嗉囊内细菌不但数量大,而且种类很多,并形成一定的微生物区系。成年鸡嗉囊的微生物区系中乳酸菌占优势,能对饲料中的糖类进行初步发酵分解,产生有机酸。这些有机酸一部分可经嗉囊壁吸收,大部分随食物下行至消化道后段再被吸收。

13.3.3　胃内消化

1)腺胃消化

腺胃也称真胃或前胃。腺胃中的腺细胞呈突起状,也称腺胃乳头。腺细胞分泌的胃液中含有消化蛋白质的胃蛋白酶以及盐酸,但禽类胃腺没有壁细胞,盐酸和胃蛋白酶都由主细胞所分泌,消化液通过腺胃乳头的小孔进入腺胃。禽类的胃液呈连续性分泌,分泌量鸡为5~30 mL/h,饲喂可引起分泌水平增高,饥饿则使其降低。腺胃虽然分泌胃液,但因为体积小,食物在腺胃内停留时间短,所以胃液的消化作用主要不在腺胃,而在肌胃内进行。

2)肌胃消化

肌胃也称砂囊,内有很厚的黏膜。肌胃的内容物相当干燥,含水量平均占44.4%,pH值为2~3.5,适于胃蛋白酶的消化作用。禽类肌胃的主要功能是对食物进行物理性的机械消化,依靠肌胃壁强有力的收缩将食物磨碎。由于食物在腺胃内停留的时间较短,很快就和胃液一起进入肌胃,所以胃液的化学性消化主要也是在肌胃内进行的。

肌胃具有周期性运动,平均每隔20~30 s收缩一次,饲喂时及饲喂后半小时内收缩频率增加。肌胃收缩时内压很高,鸡为13~20 kPa,鸭为24 kPa,鹅为35~37 kPa。禽类采食时所吞食的砂砾,在肌胃内有助于磨碎较坚硬的食物。

禽类肌胃胃壁为发达的肌组织,内壁有一层坚韧、光滑而富有弹性的角质膜,肌胃腔内常有一定量的砂砾。这些特点都有助于肌胃收缩时磨碎坚硬的食物。肌胃内砂砾的多少及大小也与年龄及饲喂方式有关。由于砂砾在禽类消化中的作用,所以对集约化的笼养鸡应定时添喂适量的适当大小的砂砾。

13.3.4　小肠消化

家禽的小肠前接肌胃,后连盲肠。小肠消化与哺乳动物基本相似。禽类小肠的消化主要是化学性消化,消化液包括胰液、胆汁和肠液。

1）胰液的分泌

禽类胰腺分泌的胰液经 2(鸭、鹅)~3(鸡)条胰导管输入十二指肠。胰液的性状、组成以及消化酶种类与哺乳动物相似。

2）胆汁的分泌和作用

胆汁是禽类的肝脏连续不断分泌的结果。在非进食期间,肝胆汁一部分流入胆囊而浓缩,另有少量直接经肝胆管流入小肠。进食时胆囊胆汁和肝胆汁输入小肠的量显著增加,持续 3~4 h。

3）肠液的分泌

禽类的小肠黏膜分布有肠腺,但没有哺乳动物的十二指腺。肠腺分泌的肠液,其中含有蛋白酶、脂肪酶、淀粉酶、多种糖酶和肠激酶。

4）小肠运动

禽类的小肠有典型的蠕动和分节运动。逆蠕动比较明显,食糜常在肠内前后移动,往往将食糜由肠返回肌胃。由于受胃液流入的影响,十二指肠内容物常呈弱酸性反应并继续胃液的消化作用。

食糜由十二指肠移送入空肠和回肠后,由于混入胰液、胆汁及肠液,对各种营养物质进行比较全面而强烈的消化作用。

13.3.5　大肠消化

禽类的大肠由两条盲肠和一条短的直肠组成,其大肠消化主要是盲肠消化。经小肠消化后的小肠内容物先进入直肠,然后依靠直肠逆蠕动将食糜推入盲肠,再由盲肠的蠕动将内容物由盲肠送到盲肠顶部。

禽类盲肠发达,容积很大,盲肠的内环境很适合厌氧微生物的繁殖。鸡对盲肠内粗纤维的利用率最高可达43.5%,草食家禽(鹅)利用率更高。此外,盲肠内的细菌,不仅依靠其菌体酶的作用,将蛋白质和氨基酸分解成氨,并能利用非蛋白氮合成菌体蛋白。有些细菌还可合成维生素 K 和 B 族维生素。

禽类的直肠很短,食糜在其中停留的时间也不长,因此消化作用不重要。主要是吸收一部分水和盐类,形成粪便后排入泄殖腔,与尿混合后排出体外。

13.3.6　营养物质的吸收

家禽对营养的吸收与哺乳动物并无多大区别,主要通过小肠绒毛进行。禽类的小肠

黏膜形成"乙"字形横皱襞,因而扩大了食糜与肠壁的接触面,延长食糜通过的路径,使吸收充分。

家禽的嗉囊和盲肠仅能吸收少量水、无机盐和有机酸,其中嗉囊的吸收能力微弱;直肠和泄殖腔也只能吸收较少的水和无机盐;腺胃和肌胃的吸收能力也较弱。大量营养物质的吸收是在小肠内进行的。

13.4 家禽体温及其调节

体温的相对稳定有赖于产热和散热的动态平衡。体热通过皮肤的辐射、传导、对流和蒸发以及呼吸向外界环境发散。

13.4.1 家禽体温

家禽的体温是指其直肠温度。几种主要家禽的体温范围如表13.1所示:

表 13.1

类 别	鸡	鸭	鹅	鸽	火鸡
温度/℃	39.6~43.6	41.0~42.5	40.0~41.3	41.3~42.2	41.0~41.2

鸡的体温可随生长发育而变化。初出壳的雏鸡由于体热大量发散,体温最低,3周龄后接近于成年水平。成年鸡的体温,也有昼夜节律,下午5时体温最高(41.44 ℃),午夜12时最低(40.5 ℃)。这种节律性变化直接受气温、光照、禽体活动和内分泌的影响,并受产热和散热调控机制的制约。特别是白天气温高,光照强,禽体活动频繁,甲状腺分泌较旺盛,有效地促进产热、影响散热,使体温维持在高限范围内。此外,母鸡产蛋活动也使体温升高。

13.4.2 家禽体温调节特点

(1)羽毛构成非常有效的保温层。

(2)皮下无脂肪沉积。

(3)全身无汗腺,通过呼吸蒸发散热起重要作用。

13.4.3 环境温度对家禽的影响

(1)气温过高时,出现站立,翅下垂,呼吸加快、喘息,咽喉颤动等,以加强散热。

(2)气温过低时,鸡出现互相拥挤,争相下钻,单腿站立,坐伏,头藏于翅下,肌肉寒颤,羽毛蓬松等,以减少散热和加强产热。

(3)雏鸡体温调节功能不健全,刚出壳的雏鸡绒毛未干时,体温不足30 ℃,直到3周龄后接近于成年水平。因此,育雏工作中应特别注意人工控温。

13.5　家禽泌尿生理

　　禽类的泌尿器官由一对肾脏和两条输尿管组成,没有肾盂和膀胱。生成的尿液经输尿管直接排入泄殖腔,随粪便一起排出体外。

　　禽类的尿液一般是淡黄色,较浓稠。泄殖腔中尿液的水可被重吸收,渗透压较高。禽尿成分与哺乳动物比较,主要区别在于禽尿内尿酸含量大于尿素,肌酸含量大于肌酸酐。

　　禽类肾小球有效滤过压低于哺乳动物,生成尿液过程中滤过作用不如哺乳动物重要。肾小管中的 99% 的水,全部葡萄糖,部分氯、钠和碳酸氢盐等成分可被重吸收。

　　禽类肾小管的分泌与排泄作用在尿生成过程中较为重要。90% 左右的尿酸是由肾小管分泌和排泄的。

　　在鸭、鹅和一些海鸟等水禽,具有一种叫做鼻腺的组织。鼻腺并非都位于鼻腔内,多数海鸟是位于头顶或眼眶上方,只是其分泌液是从鼻腔流出而已。鼻腺能分泌大量的氯化钠,可以补充肾脏的排盐功能,对维持体内水盐和渗透压平衡起重要作用。

13.6　家禽生殖生理

　　禽类没有发情周期,卵泡排卵后不形成黄体;卵中含有大量卵黄及其他丰富的营养;胚胎在母体外经孵化发育;没有妊娠期,可每天连续地排卵;雌禽只有左侧的卵巢和输卵管发育,而雄禽缺乏真正的阴茎和一些附属生殖腺。

13.6.1　雌禽生殖生理

1)蛋的形成

　　处于性活动期的雌禽,左侧卵巢发达,并产生许多卵泡(鸡有 1 000～3 000 个),每一个卵泡有一个卵。当卵泡发育到充分大小时,卵泡破裂,于是发生排卵。排出的卵是次级卵母细胞,破裂的卵泡很快萎缩,不形成黄体。

　　除卵黄外,禽蛋的所有成分是在输卵管中形成的。输卵管包括 5 个部分:输卵管伞(漏斗部)、蛋白分泌部(膨大部)、峡部、子宫(蛋壳腺)和阴道部(见图 13.2)。输卵管前端在排卵时剧烈蠕动,有助于漏斗部摄取排出的卵细胞(卵黄),并将卵沿输卵管向后段输送。卵在漏斗部停留 15～25 min,在这里完成受精。

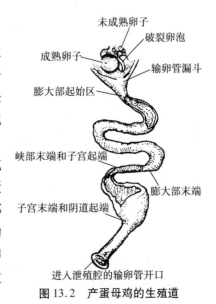

未成熟卵子
破裂卵泡
成熟卵子
输卵管漏斗
膨大部起始区
峡部末端和子宫起端
膨大部末端
子宫末端和阴道起端
进入泄殖腔的输卵管开口

图 13.2　产蛋母鸡的生殖道

卵在膨大部停留约 3 小时,膨大部分泌浓稠的胶状蛋白,构成禽蛋的全部蛋白。峡部分泌黏性纤维,在蛋白外形成内壳膜和外壳膜。卵在子宫内停留时间最长,为 19 ~ 20 h;有水分透过半透性壳膜进入蛋白,与浓蛋白混合形成稀蛋白。蛋壳腺分泌碳酸钙、镁等矿物形成蛋壳。蛋壳的色素在子宫内最后 4 ~ 5 h 形成。当蛋完全形成后,借阴道和腹部肌肉的收缩而迫使其通过阴道。产蛋时阴道经肛门翻出,只需数分钟蛋就排出体外。

2)排卵

在每天连续产蛋的情况下,产蛋和下一次排卵的间隔时间是相似的,鸡、鸭一般于前枚蛋产后约半小时排卵。这种现象可能与 LH 一般于排卵前 6 ~ 8 h 周期性释放有关。

光照可通过刺激下丘脑影响垂体的内分泌活动,所以光照变化是影响禽类产蛋周期最重要的环境因素。在自然条件下,禽类有明显的生殖季节。一般都在春天光照逐渐增长时出现生殖活动;而在秋天光照逐渐缩短时生殖活动减退。家禽由于长期驯化及选育,繁殖的季节性已不明显。如良种母鸡整年都可产蛋。养禽业中已成功地运用人工延长光照的办法来提高家禽的产蛋率。

3)抱窝(就巢性)

抱窝是雌禽的一种母性行为,是繁衍后代的重要习性。表现愿意孵卵和育雏,恋巢,羽毛蓬松,食欲下降,饮水量减少,体重减轻。就巢性受内分泌的控制,并且具有一种遗传特性。母鸡出现抱窝行为数天前,血清中的 LH、雌二醇和孕酮水平下降,表明抱窝与垂体和卵巢的机能有关(见图 13.3)。实验证明,腺垂体分泌的催乳素增加能导致抱窝,注射或埋植雌激素(或雄激素)能终止母鸡的就巢性。

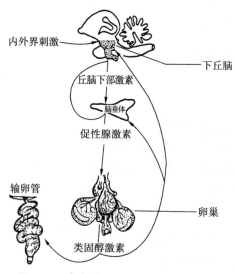

图 13.3 禽类排卵的神经-激素调节机制

4)换羽

每天的光照时间突然减少或秋季昼长减短情况下,都能引起换羽。养禽实践中,常常采取人工强制换羽措施来改变自然换羽进程,达到提高产蛋量的目的。

13.6.2　雄禽生殖生理

1)精子生成

雏鸡在 5 周龄时,睾丸开始形成精曲小管,并生成精原细胞;6 周龄时出现初级精母细胞;10 周龄时分化出次级精母细胞;12 周龄时次级精母细胞已能通过减数分裂分化出精细胞,20 周龄时所有精曲小管都出现了精细胞。随着公鸡性的成熟,精细胞再转变成精子。

精子生成后,还要经过在附睾和输精管中的成熟阶段,才具有受精能力。成年公鸡精子的生成,需 12 d;精子通过附睾和输精管需 4 d。

2)精液形成

精子由精曲小管生成后,通过睾丸网、输出管、附睾和输精管时,分别加入了液体部分(精清),于是形成精液并贮于输精管中。在交配时,混合性精液(输精管精液和淋巴褶产生的透明液的混合物)由交配器通过泄殖腔向外排出。公鸡每次排出的精液量为 0.11~1.0 mL;精子数可达 3.5×10^{13} 个/L。

3)精子受精率

精子受精率的高低取决于精子成熟程度、精液量和精子密度。公鸡交配次数增多,可使射精量减少,精子密度降低。人工采精时,也应避免频繁采精,以维持适宜的射精量和精子密度。

4)排精反射

家禽的排精(或称射精)受盆神经和交感神经支配。公鸡自然交配时,由于盆神经的兴奋使交配器官勃起,并通过交感神经节后纤维促进输精管收缩而发生排精。人工采精时,常用腹部按摩法,通过外感受性排精反射采到精液。

复习思考题

1.家禽的消化生理有何特点?

2.家禽呼吸的特点有哪些?

3.简述家禽的生殖和哺乳动物的区别点。

4.简述家禽体温调节特点。

arming

参考文献

［1］南京农业大学.家畜生理学［M］.3 版.北京：中国农业出版社,2000.

［2］范作良.家畜生理［M］.北京：中国农业出版社,2001.

［3］陈杰.家畜生理学［M］.4 版.北京：中国农业出版社,2003.

［4］王志均.生命科学今昔谈［M］.北京：人民卫生出版社,1998.

［5］姚泰.生理学［M］.5 版.北京：人民卫生出版社,2001.

［6］谢启文.现代神经内分泌学［M］.上海：上海医科大学出版社,1999.

［7］汪玉松.乳生物化学［M］.长春：吉林大学出版社,1995.

［8］韩正康.家畜营养生理学［M］.北京：中国农业出版社,1993.

［9］郑行.动物生殖生理学［M］.北京：北京农业大学出版社,1994.

［10］周吕.胃肠生理学［M］.北京：科学出版社,1998.

［11］杨秀平.动物生理学［M］.北京：高等教育出版社,2002.

［12］汪琳仙.动物内分泌学［M］.北京：北京农业大学出版社,1993.